La science pour tous!

Quatorze succès de culture scientifique au Québec

Catalogage avant publication de la Bibliothèque nationale du Canada

Vedette principale au titre :

La science pour tous (volume 1)

ISBN 2-89544-038-7

1. Sciences – Québec (Province) – Associations.
2. Technologie – Québec (Province) – Associations. 3. Culture technologique – Québec (Province). 4. Culture scientifique et technique – Québec (Province).

volume 1

La science pour tous!

Quatorze succès de culture scientifique au Québec

ÉDITIONS MULTIMONDES

Science pour Tous!

Ce volume a été préparé par *Science pour tous!*, le regroupement des organismes québécois de culture scientifique.

Comité de rédaction: Hervé Fisher, Jean-Marc Gagnon, Jacques Kirouac, Raymond Lemieux, Félix Maltais et Gilles Provost

Coordination: Jacques Kirouac

Édition des textes: Isabelle Burgun

ISBN 2-89544-038-7
Dépôt légal – Bibliothèque nationale du Québec, 2004
Dépôt légal – Bibliothèque nationale du Canada, 2004
Imprimé au Canada/Printed in Canada

ÉDITIONS MULTIMONDES
930, rue Pouliot
Sainte-Foy (Québec) G1V 3N9
CANADA
Téléphone: (418) 651-3885
Téléphone sans frais depuis l'Amérique du Nord: 1 800 840-3029
Télécopie: (418) 651-6822
Télécopie sans frais depuis l'Amérique du Nord: 1 888 303-5931
multimondes@multim.com
http://www.multim.com

DISTRIBUTION EN LIBRAIRIE AU CANADA
Diffusion Dimedia
539, boulevard Lebeau
Saint-Laurent (Québec) H4N 1S2
CANADA
Téléphone: (514) 336-3941
Télécopie: (514) 331-3916
general@dimedia.qc.ca

DISTRIBUTION EN BELGIQUE
Librairie Océan
Avenue de Tervuren 139
B-1150 Bruxelles
BELGIQUE
Téléphone: +32 2 732.35.32
Télécopie: +32 2 732.42.74
g.i.a@wol.be

DISTRIBUTION EN FRANCE
Librairie du Québec
30, rue Gay-Lussac
75005 Paris
FRANCE
Téléphone: 01 43 54 49 02
Télécopie: 01 43 54 39 15
liquebec@noos.fr

DISTRIBUTION EN SUISSE
SERVIDIS SA
Rue de l'Etraz, 2
CH-1027 LONAY
SUISSE
Téléphone: (021) 803 26 26
Télécopie: (021) 803 26 29
pgavillet@servidis.ch
http://www.servidis.ch

Les Éditions MultiMondes reconnaissent l'aide financière du gouvernement du Canada par l'entremise du Programme d'aide au développement de l'industrie de l'édition (PADIÉ) pour leurs activités d'édition. Elles remercient la Société de développement des entreprises culturelles du Québec (SODEC) pour son aide à l'édition et à la promotion.

Gouvernement du Québec – Programme de crédit d'impôt pour l'édition de livres – gestion SODEC.

Préface

Place à la culture du XXIe siècle!

La science, ça se cultive! Et nous sommes encore loin de cette exigence fondamentale du monde d'aujourd'hui, qui est de plus en plus scientifique.

Il faut le comprendre et le reconnaître: la technoscience est devenue le moteur de notre évolution humaine. Elle a pris la relève de la religion, de la philosophie et de l'art. Elle tend non seulement à expliquer les origines du monde, mais aussi à inventer notre futur. L'imagination scientifique semble désormais surpasser la création et l'audace artistiques. L'aventure des biotechnologies rivalise avec l'exploration de l'espace-temps. L'infiniment petit de la matière et de l'énergie est devenu aussi vertigineux que l'infiniment lointain des espaces sidéraux. La lecture et la manipulation des codes génétiques – le *Grand Livre de la Vie* – inspire des prophéties post-humanistes inquiétantes. Des gourous du numérique prophétisent une révolution anthropologique majeure: la fin de l'ère du carbone et de la biosphère et l'avènement de l'ère du silicium et de la noosphère.

Pourtant, il n'est pas sûr que la psyché humaine ait beaucoup progressé depuis l'homme de Cro-Magnon. L'explosion démographique, qui paraissait nous lancer le plus grave défi avec une croissance de 2 à 6,5 milliards d'habitants en trois générations, semble devoir s'atténuer. Les spécialistes nous annoncent un tassement et un retour à 6,5 milliards pour bientôt, grâce à l'éducation. En revanche, la puissance de la technoscience grimpe verticalement avec une accélération exponentielle et elle ne semble promise à aucun ralentissement. Elle va beaucoup plus vite que nos idées et que l'évolution de la conscience humaine. Et l'écart se creuse dangereusement entre notre pouvoir technoscientifique et notre maturité mentale. Or les technologies et la science ne sont ni bonnes, ni mauvaises en soi. Tout dépend de ce qu'en font les hommes. Et c'est là que l'éducation et la culture deviennent des facteurs décisifs de notre avenir. Nous vivons de plus en plus dangereusement!

Pour le moment, l'humanité semble optimiste. Elle prétend assumer la responsabilité de ce pouvoir inédit et décider de son avenir à la place des dieux. Pourquoi pas, si nous en sommes capables! CyberProméthée exulte! Mais Thanatos rôde dans les parages et le progrès humain n'a jamais été une fatalité! Le pire s'est déjà produit si souvent!

Nous vivons une époque passionnante et tous les jours nous étonnent, qui nous apportent chacun son lot de découvertes et d'inventions encore impensables il y a si peu de temps: gènes, protéines, nouvelles galaxies ou trous noirs, vitesse de calcul en temps réel d'un processus moléculaire, modélisation virtuelle d'un virus et simulation numérique instantanée d'un traitement chimique, clonage, tissage vivant d'un fil plus solide que l'acier, intelligence artificielle, matériaux intelligents, chimères biosynthétiques, robotique et nanotechnologies, physique quantique et biotique.

Mais cette multiplication accélérée d'avancées technoscientifiques nous lance aussi de nouveaux défis de plus en plus difficiles. L'asservissement de la science aux ordinateurs et aux langages numériques devient total et semble vouloir réduire l'univers à un vaste Logiciel dont nous pourrions déchiffrer les algorithmes. La cybersurveillance envahit notre vie sociale et privée. L'industrie agro-alimentaire devient génétique. La manipulation des cellules souches nous permet d'envisager une ingénierie du corps humain et une production de pièces détachées pour réparer nos organes. Élixirs de jouvence, enzymes d'éternité nous suggèrent une prolongation considérable de l'espérance de vie humaine. Et les technologies *intelligentes* de guerre et de destruction massive deviennent une menace quotidienne à l'âge du terrorisme international.

Face à cette explosion de la technoscience, le Québec s'adapte et se renforce en investissant dans la recherche et la formation universitaires. Le capital de risque est au rendez-vous. Dans les technologies numériques, les biotechnologies et l'aéronautique, nous relevons avantageusement le défi.

Mais qu'en est-il du défi culturel que nous impose cette révolution technologique? Incontestablement, la grande aventure de la science est désormais au cœur de notre cosmogonie. A-t-elle la place qui lui revient dans notre culture? Sommes-nous suffisamment conscients de ses enjeux pour notre avenir? Avons-nous la culture nécessaire pour participer au débat démocratique qu'impliquent des décisions sur les nouvelles technologies de reproduction humaine, de gouvernance et d'ordre public?

La culture scientifique est-elle reconnue au Québec à sa juste place dans les budgets et les activités culturelles, non seulement des jeunes, mais de l'ensemble de la population adulte? Au même titre que le sport, la musique, le théâtre? Avons-nous les musées de science, les centres de culture scientifique nécessaires? Les scientifiques font-ils suffisamment leur part dans la vulgarisation scientifique? Et les entreprises, dans le mécénat en faveur de la culture scientifique? Quand obtiendrons-nous le 1% des budgets publics de recherche que nous réclamons depuis des années pour la culture scientifique? Quand le gouvernement instituera-t-il des incitatifs fiscaux pour que les entreprises de technoscience honorent leur juste part de cette responsabilité sociale?

Depuis longtemps, le Québec a fait preuve de créativité et d'originalité à cet égard, avec des revues scientifiques que le reste du Canada nous envie, avec d'excellents programmes de télévision et de radio, notamment à Radio-Canada, avec des initiatives comme les Expo-Sciences ou les Débrouillards, qui ont été imitées à l'étranger, et de très nombreux organismes de promotion de la culture scientifique et technique, qui démontrent dans toutes les régions du Québec leur excellence et leur persévérance, même quand les appuis publics diminuent ou se tarissent. De l'ACFAS pour l'implication des chercheurs scientifiques aux Scientifines pour la promotion de la science auprès des filles, en passant par d'innombrables clubs de loisir scientifique, souvent en régions éloignées, on pourrait citer plusieurs centaines d'organismes activement dévoués à la cause.

Le regroupement de tous ces organismes québécois de culture scientifique et technique a été créé sous le nom de *Science pour tous* en 1998 pour aider ces organismes à se connaître et à se reconnaître, les encourager dans leurs efforts, trop souvent solitaires et dispersés. On trouvera ci-après le manifeste de création de Science pour tous, qui demeure d'une grande actualité.

Recommandations votées à l'unanimité lors des États généraux de la culture scientifique et technique de septembre 1998, organisés par Science pour tous

Ces recommandations visaient à demander qu'on fasse le point sur l'état de la situation de la culture scientifique et technique au Québec et sur le manque de soutien public face à des objectifs pourtant prioritaires pour l'avenir de la société québécoise. En voici les points principaux:

Tout d'abord, faire reconnaître la science et la technologie comme partie intégrante de la culture.

Et obtenir du gouvernement québécois l'instauration d'une politique de la culture scientifique et technique dotée des moyens budgétaires nécessaires.

On soulignait aussi le retrait du gouvernement fédéral (fin du programme Science et culture Canada de soutien aux organismes de culture scientifique et technique), sans que le gouvernement québécois prenne la relève, ce qui impliquait la cessation d'activités de plusieurs organismes. (Et il faut rappeler que c'est cette décision d'Ottawa qui a suscité une prise de conscience des organismes québécois en faveur d'une coalition susceptible de défendre mieux auprès des gouvernements les enjeux de la culture scientifique et technique.)

Les États généraux misaient sur l'établissement de réseaux de concertations entre les organismes de CSTI: se connaître, se reconnaître et travailler davantage ensemble.

Les États généraux soulignaient la responsabilité du ministère québécois de l'Éducation et l'importance d'augmenter les enseignements scientifiques dans les cursus scolaires.

Pour faire face au manque de financement, les États généraux demandaient l'instauration d'un incitatif fiscal pour encourager les entreprises privées à soutenir financièrement la CSTI et la création d'un Fonds de soutien pour le financement des organismes et pour le démarrage de projets. On y insistait sur l'importance d'un financement triennal et d'une aide à la mise en marché.

La responsabilité des municipalités était rappelée quant à l'importance de la CSTI dans leurs programmes d'activités culturelles, ainsi que le soutien nécessaire en régions et auprès des autochtones, qui incombe aussi au gouvernement.

La *Toile scientifique* (http://www.sciencepourtous.qc.ca/bulletin/index.html) constitue un bulletin en ligne de notre réseau, au service de ses membres. Science pour tous a organisé des États Généraux de la culture scientifique et technique, et tient un Colloque annuel. Il participe aux débats, aux comités stratégiques, par exemple celui du Conseil de la science et de la technologie du Québec, qui doit aboutir à un état de la situation et à des orientations pour l'avenir. Et Science pour tous joue son rôle normal d'interlocuteur auprès des gouvernements fédéral, québécois et municipaux, pour la reconnaissance et le financement de la culture scientifique et technique au Québec. Comme tel, Science pour tous est une initiative unique au Canada et ailleurs dans le monde et qui demeure un exemple rare de conscience et de rassemblement au service de la culture scientifique et technique de notre temps.

Quelles que soient leurs limites – dues essentiellement au manque chronique et actuellement aggravé de ressources financières et donc humaines –, les organismes québécois de culture scientifique et technique sont admirables. Servis par de nombreux bénévoles, ils témoignent d'une conviction à toute épreuve au service de la population, dans un domaine stratégique pour notre avenir. Ils font souvent preuve d'une créativité, d'un dévouement, d'une persévérance qui appellent notre reconnaissance.

Nous voulons non seulement que ce livre témoigne du travail de tous ces acteurs et de leur engagement, de leurs efforts, mais aussi qu'il nous aide à mieux analyser leurs méthodes, leurs techniques d'éveil et de créativité, à comparer leurs modes d'intervention très variés, et à comprendre les raisons de leurs succès, comme de leurs difficultés. Bien sûr, ce livre nous propose aussi un rappel historique de quelques-unes de nos plus importantes initiatives, à commencer par l'évocation de Fernand Seguin, qui demeure une figure clé de la culture scientifique québécoise et même canadienne. Mais bien plus que la mémoire, il faut y voir un outil de travail et de réflexion, que nous voudrions exemplaires.

La fracture culturelle

On déplore souvent la «fracture numérique» entre les pays du Nord, inforiches et ceux du Sud, infopauvres. On en conviendra tous: on ne compte pas encore 10% de la population disposant d'ordinateurs branchés à Internet dans le monde. Cette fracture existe aussi à l'intérieur des pays du Nord, selon le clivage des générations et des niveaux de revenus. Mais il existe une brèche sociale beaucoup plus grave, et qu'il ne faut pas aller constater bien loin: elle est chez nous et c'est la fracture entre la culture traditionnelle, dite humaniste et la culture scientifique et technique. La culture populaire – et même la culture savante – n'accorde pas encore de place aux problématiques technoscientifiques, qui deviennent pourtant de nos jours les principaux enjeux humanistes de notre vie. Personne ne semble s'en soucier et encore moins déplorer, ni vouloir corriger cette brèche béante dans notre conscience contemporaine ! Combien de temps cela prendra-t-il encore pour se rendre à l'évidence et actualiser notre culture?

Il importe de souligner ici plusieurs idées qui ressortent de la diversité de ces expériences.

La culture scientifique et technique d'une population passe par l'implication de la famille. Ce sont les parents qui incitent les enfants à regarder une émission de télévision, qui leur achètent un livre ou un abonnement à un magazine scientifique. Ce sont eux qui les emmènent en fin de semaine ou pendant les vacances dans un musée, ou qui les inscrivent à un club de loisir scientifique, voire qui leur offrent un jouet scientifique. Il faut donc commencer par la culture des adultes.

La responsabilité de l'État est essentielle. L'État doit assurer le financement des acteurs culturels. Il est légitime et raisonnable de demander que le budget d'un gouvernement moderne accorde une ligne spécifique et récurrente à la culture scientifique et technique, comme il le fait pour la musique, le livre, le sport.

Mais l'État a aussi une responsabilité majeure en ce sens à travers l'école. On voudrait donc que le ministère de l'Éducation du Québec prenne davantage en considération l'arrimage entre les écoles et les activités pédagogiques que proposent les organismes de culture scientifique. Cette exigence rejoint d'ailleurs les objectifs de la réforme actuellement en cours de l'enseignement «transversal» ou multidisciplinaire par projets. Il faut que le ministère de l'Éducation donne un signal public et fort en ce sens. Actuellement, les organismes québécois de culture scientifique se présentent le plus souvent dans les écoles par la porte arrière et s'entendent avec des enseignants conscients de l'importance de ces activités complémentaires de culture scientifique sur un mode aléatoire, voire malgré le système officiel! Cette situation n'a aucun sens.

Il y a là une importante réforme à considérer.

Il faudrait que les visites de laboratoires et d'entreprises ou d'industries soient favorisées avec plus d'implication des professionnels et des chercheurs. Car il y a là des expériences extrêmement motivantes pour les enfants. Si les entreprises craignent de manquer de ressources humaines et de main-d'œuvre qualifiée pour l'avenir, il faut qu'elles s'impliquent davantage dans le financement de la culture et dans des opérations portes ouvertes qui susciteront à coup sûr des vocations.

Il faut que l'État reconnaisse publiquement et fortement l'importance de la culture scientifique et technique, comme un élément central de la culture du XXIe siècle, par un geste symbolique majeur. Il a pour cela, s'il le veut, l'embarras du choix: l'annonce d'une Journée annuelle de la science et de la technologie, et pourquoi pas d'une Année de la science au Québec, une déclaration publique insistante et solennelle du Premier ministre, un Sommet annuel sur l'état de la science et de la technologie, un accord officiel (avec financement) entre le ministère de l'Éducation et les organismes de culture scientifique... les idées sont légion. C'est à ce jour la conscience et la volonté qui manquent et qui laissent les organismes québécois financièrement très fragiles.

C'est cette situation qu'il faut changer, et ceux qui liront ce livre vont immédiatement comprendre à quel point l'enjeu est à portée de la main, tant nous avons accumulé au Québec d'expérience, de conviction et d'expertise dans ce domaine.

Si nous voulons des Prix Nobel au Québec, il nous faut des universités, des laboratoires, mais aussi une culture scientifique et technique populaire!

Voici donc le premier volume. En attendant la publication du tome II, qui viendra témoigner de plusieurs autres succès et de nos efforts pour la reconnaissance de la place de la science et de la technologie dans la culture du XXIe siècle comme… un deuxième but dans les filets! Eh oui! Si seulement nous obtenions des institutions, des gouvernements et des médias la même ferveur qu'a su mériter le sport!

Hervé Fischer
Président de Science pour tous
15 décembre 2003

Artiste-philosophe, **Hervé Fischer** a été maître de conférences à la Sorbonne et titulaire de la Chaire Daniel Langlois de technologies numériques et de beaux-arts à l'Université Concordia. Il a créé, en 1986, la Cité des arts et des nouvelles technologies de Montréal avec Ginette Major et, en 1990, le festival Téléscience de documentaires scientifiques de télévision, qu'il a dirigé jusqu'en 2001. Il a publié récemment: *Mythanalyse du Futur* (sur Internet www.hervefischer.ca, *Le choc du numérique, CyberProméthée* et *La planète hyper,* vlb éditeur, *Le romantisme numérique,* FIDES et Musée de la civilisation, *Les défis du cybermonde* (direction, PUL). Il est aussi président de la Fédération Internationale des associations de multimédia et de Science pour tous.

Table des matières

Première partie

La science des pionniers

L'Acfas : un parcours cultivé par la science

Johanne Lebel

L'Association francophone pour le savoir (Acfas) contribue depuis 80 ans à l'avancement des sciences au Québec. Longtemps connue sous le nom d'« Association canadienne française pour l'avancement des sciences », elle poursuit une double mission : promouvoir la recherche et la culture scientifique. Pour cela, l'organisme réseaute quelque 7000 membres partenaires des milieux universitaire, collégial, public, parapublic ou industriel.

Le *Cercle universitaire* était bien animé le vendredi 15 juin 1923. Situé dans le Quartier latin de Montréal, le 191 de la rue Saint-Hubert accueille ce jour-là plusieurs médecins, deux ou trois professeurs de chimie, un recteur-monseigneur et encore un frère-chercheur. Bref, tous ceux qui comptent dans le milieu scientifique de la métropole sont conviés à un déjeuner bien particulier.

Au menu? Rien de moins qu'un projet de fédération des sociétés savantes canadiennes françaises! Les représentants de onze d'entre elles sont présents. Ces sociétés savantes chapeautent bon nombre de disciplines (biologie, médecine, physique, génie, chimie, mathématique, etc.) Et la première de ces sociétés fête à peine son premier anniversaire!

Sous la présidence de Mgr Vincent Piette, recteur de l'Université de Montréal, un professeur-chercheur ouvre la rencontre. Rare spécialiste de la radiologie, Léo Pariseau est le fils de l'un des premiers ingénieurs diplômés de l'École polytechnique. Plus connu sous son surnom de *Prince des non-conformistes,* il affirme bien haut que « le dédain des sciences, [...] maintient le peuple dans la pauvreté ; et dans un pays trop pauvre, les beaux-arts fleurissent difficilement. Travailler à l'avancement des sciences, ajoute-t-il, c'est assurer l'épanouissement des lettres et des arts».

La science en tête

Depuis le début des années 20, un fort mouvement pro-scientifique traverse l'Occident. La guerre a dramatiquement mis en lumière l'importance économique et stratégique des sciences, notamment de la chimie. Les Canadiens français prennent une part active à ce mouvement. En 1920, l'Université de Montréal ouvre une Faculté des sciences et l'Université Laval crée l'École supérieure de chimie. Cette dernière sera à l'origine de la Faculté des sciences qui sera fondée en 1937.

Cette idée de fédération des sociétés savantes vient donc à point nommé. Il faut d'abord rassembler les forces existantes et briser, aux dires du frère Marie-Victorin, «ce séculaire isolement du travailleur scientifique, isolement si splendide mais désastreux». Il s'avère surtout nécessaire de créer une communauté en réformant d'abord l'enseignement classique. Trop longtemps déjà, les sciences y ont été maintenues au sous-sol de la «pyramide des connaissances».

Trois hommes jetteront les bases de cette fédération bientôt connue sous l'acronyme Acfas. De plus, les parcours de Léo Pariseau, du frère Marie-Victorin et de Jacques Rousseau incarnent avec «superbe» la double vocation de l'organisation. Infatigables chercheurs et admirables communicateurs, ils veilleront à promouvoir l'activité scientifique et à diffuser la culture scientifique.

Léo Pariseau, le vulgarisateur

À côté de la promotion de l'enseignement, la «propagande et la vulgarisation» figurent parmi les préoccupations de départ de l'Association. Communication publique, musée, revue scientifique, concours, prix, radio, cinéma, semaine des sciences et conférences publiques; l'Acfas poursuit une tradition de vulgarisation bien implantée au tournant du 20e siècle.

Léo Pariseau dans son laboratoire de l'hôpital militaire de Saint-Cloud, France, en 1917.
Archives de l'Université Laval

Léo Pariseau y prête sa verve. Orateur au franc-parler, doté d'une véhémente personnalité, il se révèle un excellent vulgarisateur. «Il sait glisser l'humour dans les explications savantes et à travers les expériences compliquées. Il dramatise, il tient en haleine. Il s'arrête un moment pour décrire les inquiétudes et les joies du chercheur...», peut-on lire, par exemple, dans *Le Devoir* à la suite d'une conférence sur les étapes de la recherche.

Cet érudit de l'histoire des sciences et de la médecine dispose d'une imposante bibliothèque témoignant de son esprit curieux et résolument humaniste. Il est possible d'y feuilleter des ouvrages d'Hippocrate ou d'Aristote, ou encore, s'adonner à des lectures sur l'astronomie, la botanique prélinéenne, la théorie de l'évolution ou les questions nationales.

Destinées aux étudiants, et ouvertes au grand public, plus de 2000 conférences ou causeries jalonneront l'histoire de l'Acfas. En 1933, Georges Lemaître aborde l'expansion de l'univers. En 1954, trois ans avant le Spoutnik, Claude Frémont discute des bases scientifiques de l'astronautique. En 1957, Maurice L'Abbé cause du noyau de l'atome et Pierre Dansereau, de la télévision. Suspendu entre 1970 et 1987, le service des conférenciers de l'Acfas organisera en 1989, «Les sciences, c'est aussi pour les filles». Aujourd'hui, les conférences ou causeries se poursuivent dans le cadre du congrès annuel. Elles animent aussi les sections régionales (Acadie, Outaouais, Sudbury, Toronto, Manitoba, Alberta et Colombie-Britannique).

Pour Léo Pariseau, par ailleurs, la remise de prix est un moyen efficace d'exprimer les valeurs de la communauté scientifique. Non sans controverses! «Messieurs les supérieurs [des collèges classiques] ne croient pas possible d'acquiescer aux désirs de l'Association, pour des raisons sérieuses», se fait-il répondre à sa proposition d'une médaille pour encourager l'étude des sciences.

Au premier congrès de l'Acfas, en 1933, Léo Pariseau revient à la charge avec la proposition d'un prix pour les jeunes doté d'un montant de… 25 $! Puis, peu avant sa mort, il remet 300 $ pour récompenser «les activités de nos hommes de science canadiens français». Les médailles vont par la suite devenir des prix et les prix, se multiplier.

En remettant la médaille Archambault au père Georges-Henri Lévesque en 1959, l'Acfas prend même le risque de perdre sa subvention annuelle. En effet, le premier ministre du Québec reprochait au fondateur de l'École des sciences sociales de l'Université Laval d'être trop «libéral» et fédéraliste. M. Duplessis est mort avant d'avoir eu le temps de faire tomber le couperet.

En 1961, Fernand Seguin reçoit le prix Urgel-Archambault pour sa contribution à la vulgarisation scientifique. Aujourd'hui, l'Acfas remet douze prix pour récompenser «le caractère exceptionnel» en recherche, dont quatre réservés aux étudiantes et étudiants.

Le Concours de vulgarisation scientifique de l'Acfas s'inscrit dans la même logique. Géré par l'Association depuis 1986, ce concours amène chaque année près d'une centaine de chercheurs à s'exercer à la vulgarisation. *Et pourtant je rapetisse en vieillissant, L'art de l'architecture atomique, La grenouille: un saut de la gastronomie à la pharmaceutique!,* sont quelques exemples de la centaine de textes primés à ce jour. En plus de recevoir un montant de 2000 $, les gagnants voient également leurs textes publiés dans *La Presse,* un grand quotidien montréalais.

Affiche de la 11e édition du Concours de vulgarisation scientifique de *Découvrir,* 2002.

Les gagnants de la 11e édition du Concours de vulgarisation scientifique de *Découvrir*, 2002. Dans l'ordre habituel: Valérie-Gaëlle Roullin, Chantal Racine, Isabelle Marcotte, Isabelle Goupil-Sormany et Gabriel Fortin.

Marie-Victorin, le faiseur de vocations

Tout au long de son histoire, l'Acfas, soutiendra pratiquement toutes les initiatives en matière de communication scientifique. En 1924, le frère Marie-Victorin participe à un comité pour la mise sur pied d'un musée de sciences naturelles. Devant l'échec de cette idée, le premier secrétaire de l'Acfas travaille alors à la création d'un jardin botanique. Aujourd'hui, le Jardin botanique de Montréal est une institution internationalement reconnue.

L'Acfas soutient un concours de botanique organisé en 1930 par le quotidien *Le Devoir*; puis Marie-Victorin fonde les Cercles de jeunes naturalistes. Des milliers d'enfants «vont se lier avec l'insecte qui passe et la couleuvre qui fuit, avec le poisson qui brille et l'oiseau qui vole vers le soleil». Le succès est phénoménal. En 1947, le territoire québécois sera herborisé systématiquement par plus 1000 cercles. L'association les appuie de diverses manières, des interventions auprès des ministères au défraiement des fascicules sur les coléoptères.

Terriblement moderne et ardemment batailleur, Marie-Victorin est un «faiseur de vocations». Profondément inspiré par lui, Pierre Dansereau affirmera qu'en encourageant «à la fois l'audace et le doute, l'imagination et la critique [...], il [Marie-Victorin] a su créer autour de lui une ambiance professionnelle qui a rendu possibles de nombreuses vocations scientifiques, et non seulement dans son propre domaine».

À la suite de l'infatigable frère et ce, jusqu'à aujourd'hui, l'Acfas collaborera à une multitude de projets de communication scientifique tels que les Expo-sciences, La semaine des sciences ou l'Agence Science-Presse. Puis, en 2000, l'Acfas s'associe à une toute nouvelle activité dont elle prendra la gestion en charge en 2002: le forum international *Science et société.*

Dépliant du Forum international *Science et société,* tenu au Collège Montmorency en novembre 2002.

Ce forum réunit pendant une fin de semaine, en retrait du monde, près de 250 cégépiens et environ 30 chercheurs tels Jacques Grand'Maison, Claude Villeneuve, Luc Ferry ou Jean-Didier Vincent. Développée par François Kourilsky et Edgar Morin, l'activité origine du Centre national de la recherche scientifique de France (CNRS). «Ce qui était autrefois séparé, science-éthique-politique, aujourd'hui se doit d'avoir des liens car une telle séparation est devenue dommageable et dangereuse», dira Edgar Morin en expliquant les enjeux derrière ces rencontres. En 2000, le CNRS propose au Québec, à l'Italie, au Maroc et au Portugal de créer un événement similaire.

Pour la réalisation de la «version» québécoise de *Science et société*, plusieurs organisations s'impliquent et créent la synergie nécessaire pour que soit possible un tel événement: le ministère du Développement économique et régional du Québec, le partenaire principal, le Consulat général de France à Québec, le ministère des Relations internationales du Québec, le Cégep Limoilou, le Collège Montmorency, l'Office franco-québécois pour la jeunesse, la Délégation Wallonie-Bruxelles, l'Agence Québec-Wallonie-Bruxelles pour la jeunesse, la Société pour la promotion de la science et de la technologie, le Conseil de recherches en sciences naturelles et en génie du Canada, le Fonds québécois de la recherche sur la nature et les technologies du Québec, le Fonds québécois de la recherche sur la société et la culture et l'Acfas.

Dès l'ouverture, les chercheurs sont dispersés parmi les jeunes et le ton convivial est donné. Présent à la première québécoise, Edgar Morin sera séduit par l'expérience: «J'ai trouvé que les jeunes Québécois étaient moins timides, plus à l'aise en général, que les jeunes Français. Et au Québec, on ressent un double sentiment: on est à la fois étranger et chez soi. On s'y sent très bien et ça fait plaisir.» Les jeunes Québécois seront tout aussi étonnés par la jeunesse et l'accessibilité du grand sociologue. Le samedi soir, au son d'une musique tzigane, il dansera avec eux jusqu'à 2 heures du matin!

Du sida aux nanotechnologies, de la mondialisation de l'économie à la recherche de valeurs pour le troisième millénaire, les ateliers permettent des discussions intergénérationnelles et internationales. On retrouve autour des tables des chercheurs et des étudiants de France, de Belgique, d'Italie ou de pays d'Afrique. «C'est parce que je crois à la démocratie et aux exigences d'une véritable culture scientifique que j'ai accepté la co-présidence avec un grand enthousiasme», souligne le sociologue québécois Guy Rocher.

Des participants au forum *Science et société.*

Jacques Rousseau, le rassembleur

Tenu en 1933, en pleine Dépression, le premier congrès de l'association connaît un vif succès. «Les universitaires y coudoient les professeurs de l'enseignement secondaire et de l'enseignement primaire supérieur, les techniciens de nos services gouvernementaux y fraternisent avec les sociologues et les philosophes», écrit Marie-Victorin. Quelque 164 communications sont présentées. On y discute, entre autres, des facteurs démographiques de la survivance française en Amérique, de la chimiothérapie «arsénicale» de la syphilis ou de la ponte du canard commun. Au congrès de 2003, 70 ans plus tard, 2400 communications seront offertes à plus de 3500 participants.

Université de Montréal – Division des archives, 1FP.3134

Jacques Rousseau et le frère Marie-Victorin mesurant un érable à Flanagan's Bay.

Ce premier congrès met l'Acfas «sur la carte» en l'amenant à sortir de Montréal, du milieu de l'enseignement et à créer une véritable communauté scientifique. Contribution majeure à la construction d'une culture scientifique québécoise, il permet aux chercheurs de délaisser leurs laboratoires pendant quelques jours et de comparer, de réajuster et de critiquer leur apport à la recherche ainsi que l'apport de leur recherche à la société. Largement couvert par les médias, le congrès donne aussi une vitrine publique au monde de la recherche.

Archives de l'UQAM

L'exposition des Cercles des jeunes naturalistes tenue au Collège Mont-Saint-Louis lors du premier congrès de l'Acfas en 1933.

C'est à Jacques Rousseau, surnommé la «cheville ouvrière du congrès», que revient l'initiative de l'événement. En 1923, à 18 ans, énergique et téméraire, il se présente à l'Institut de botanique, surnommé «la cave à Victorin» par les jaloux, où l'on discute avec passion de réformes scolaires et de rareté des vocations scientifiques. Rapidement, Marie-Victorin fait de ce jeune homme s'enflammant pour l'évolution et la nation, un fidèle collaborateur. Jacques Rousseau participe activement, entre autres, à la recherche relative à la *Flore Laurentienne.*

À l'occasion du premier congrès, et sous l'insistance de Marie-Victorin, les Cercles de jeunes naturalistes sont d'ailleurs invités à exposer leur travail au Collège Mont-Saint-Louis. Plus de 134 cercles participent, dont 27 cercles féminins et 34 cercles montréalais. Ils y présentent une impressionnante collection d'herbiers où se devine le travail des milliers de petites mains ayant récolté, pressé, monté, collé, étiqueté et classé par famille... Côtoyant ces herbiers, on retrouve des oiseaux empaillés, des papillons ou cette couleuvre dans le formol «capturée par une petite audacieuse». Cent mille personnes visiteront l'exposition. Par la suite, de nombreuses activités jeunesse seront organisées par différents partenaires, tel le Conseil du loisir scientifique de Québec.

À 25 ans, en 1930, Jacques Rousseau devient secrétaire général de l'Acfas, poste qu'il occupera durant 16 ans. En plus de ses innombrables textes soumis pour publication dans les revues les plus exigeantes et de ses 96 communications aux congrès de l'Acfas, il s'adonne à la vulgarisation avec talent. On peut l'entendre, par exemple, sur les ondes de Radio-Collège. Le 7 mars 1944, sa causerie du jour s'intitule *J'herborise dans le potage:* «J'ai soulevé le couvercle où mijote le potage et, sans me laisser distraire par le fumet, Dieu m'en garde, j'ai contemplé le remous des liquides qui se bousculent. Je les ai analysés et disséqués [...]. Tout est ordonné, pensé, senti. Enlevez le moindre élément, la moindre parcelle, l'harmonie est détruite et l'édifice gastronomique s'écroule». Par la suite, il sera nommé à la direction du Jardin botanique et à la tête du Musée de l'Homme à Ottawa.

Parallèlement au congrès, Jacques Rousseau met sur pied une bibliothèque de la recherche canadienne, multiplie les conférences et produit un premier «bottin des membres». Il lance une première publication en 1935, les *Annales de l'Acfas,* destinée à la communauté scientifique: textes approuvés par les pairs, résumés de colloques et rapports des sociétés membres. Une deuxième publication, *Le Bulletin,* paraît en 1959.

Le premier numéro de la revue *Le jeune scientifique,* lancée par l'Acfas en novembre 1962.

Trois ans plus tard, l'Acfas acquiert *Le Jeune naturaliste,* publié depuis treize ans par les Clercs de Saint-Viateur. Rebaptisée *Le Jeune scientifique,* la nouvelle revue couvre «non seulement les sciences naturelles, biologiques, mais aussi les sciences exactes, comme les sciences de la Terre et de l'espace». Dans le premier numéro, entre les articles intitulés *L'histoire illustrée du monarque* et *La nouvelle race des chimistes,* on peut lire que, selon le Prix Nobel de physique Nicolas Demenov, la Lune deviendra probablement une centrale capable de fournir l'électricité à tout le globe terrestre!

En 1965, les *Annales* et le *Bulletin* cessent leur publication et, quatre ans plus tard, *Le Jeune scientifique* est vendu pour des raisons financières. Cette publication deviendra peu après la revue *Québec Science.* L'Acfas traverse alors les désordres de la Révolution tranquille et se questionne sur sa place dans le champ de la vulgarisation scientifique.

Avant d'être renommé *Découvrir,* la revue de la recherche de l'Acfas portail le nom d'*Interface.* Numéro de septembre-octobre 1999

En 1979, nouveau départ! L'Acfas publie d'abord les *Cahiers scientifiques de l'Acfas,* voués aux actes de colloques trop spécialisés pour intéresser les éditeurs. Puis, le *Bulletin* est relancé. Plus étoffé qu'auparavant, il devient en 1984 une véritable revue, *Interface.* Pour la première fois, cette publication rejoint à la fois les chercheurs et le grand public. En 2001, elle prend le nom de *Découvrir: la revue de la recherche.*

Découvrir, la revue de la recherche, janvier-février 2002.

Centrée exclusivement sur la diffusion de la recherche au Québec et au Canada français, *Découvrir* occupe une place singulière dans le champ de la communication scientifique. «Aider à voir, comprendre et interroger le monde qui nous entoure», telle est sa mission. Au-delà de la vulgarisation, cette revue se veut un lieu de réflexion sur les conditions de production de la recherche, du savoir scientifique et technique, et sur les enjeux sociaux. La section *Recherche* présente des dossiers sur des sujets du jour. *L'Enjeu* propose une réflexion sur des préoccupations scientifiques actuelles et *Face à Face* brosse le portrait d'une ou d'un scientifique et de sa carrière.

La rubrique *La Fine Pointe,* par exemple, fait le pont entre les milieux de la recherche et ceux de la pratique. On y décrit l'apport des différents organismes de recherche fondamentale aux entreprises. Au printemps 2003, par exemple, on y parlait d'une technologie permettant aux huiles «usées» par la friture de gagner du galon en devenant des biolubrifiants biodégradables pour les marchés forestiers ou hydroélectriques.

Pour leur part, les *Science Clips* traitent de sujets proposés par des organismes subventionnaires et validés par l'équipe éditoriale. Quelques titres pris au hasard témoignent non seulement du dynamisme du milieu de la recherche, mais aussi du caractère multidisciplinaire de la revue: *Dysfonction sexuelle au féminin, La face cachée de l'insuline, Cœurs en panne, L'éthique de A à Z* ou *Les oubliés de l'informatique.*

Au sein des connaissances

Huit décennies plus tard, les modes d'action de l'Acfas, à l'exception de la diffusion dans Internet, perdurent: prix, congrès, publications et forum de discussion. Et si les enjeux ont changé, les besoins demeurent constants. La pénurie annoncée de travailleurs qualifiés demande d'accroître les vocations scientifiques, la multiplicité des disciplines justifie plus que jamais la nécessité d'un espace commun et l'ubiquité des technosciences demande le partage du savoir. La mission de l'Acfas n'a donc rien perdu de sa pertinence: promouvoir l'activité scientifique, stimuler la recherche et diffuser le savoir.

Affiche présentant un colloque du Congrès.

L'environnement, par contre, s'est radicalement transformé depuis la fondation de l'Acfas. Le développement incommensurable des connaissances et l'émergence de centaines de nouveaux champs de recherche, les défis engendrés par la colossale transformation du monde se multiplient. Ils supposent la mise en commun des efforts et obligent à penser le développement en termes de durabilité. Au carrefour de tous ces domaines de recherche, l'Acfas s'engage pour les prochaines décennies à participer à cette mise en commun des compétences. L'Association francophone pour le savoir désire plus que jamais contribuer à transmettre le goût d'apprendre et de comprendre.

Johanne Lebel est recherchiste et rédactrice à l'Acfas. Elle possède près de vingt ans d'expérience en communication des connaissances. Dans le champ muséal, elle a travaillé à la réalisation d'expositions d'histoire, d'art et de science. En 1995, elle était responsable du contenu de l'exposition *La chimie en fête*, la dernière édition d'Expotec. Elle a aussi travaillé comme journaliste. D'esprit transdisciplinaire, elle s'intéresse à l'histoire de l'évolution tout comme à l'évolution de l'histoire.

Quatorze succès de culture scientifique au Québec

Depuis le Néolithique, la psyché humaine ne semble guère avoir fait de progrès significatif. La population humaine, en revanche, a subitement augmenté, passant de deux milliards d'habitants au début du XXe siècle à 6,5 milliards en 2000. Mais cette explosion, selon les prévisions des démographes, est sous contrôle. Après avoir atteint 8 ou 9 milliards au XXIe siècle, elle devrait revenir au chiffre actuel, notamment grâce à l'éducation. En revanche, le pouvoir technologique des hommes connaît, depuis cinq générations, une croissance exponentielle, accélérée encore par la maîtrise des technologies numériques, et que plus rien ne semble devoir freiner.

L'écart se creuse donc de plus en plus dangereusement entre la maturité psychique humaine, qui plafonne bas, et la montée en puissance de notre technoscience, qui exigerait un progrès humain au moins équivalent. CyberProméthée se déchaîne. Notre instinct de conservation appelle avec urgence à plus d'éducation et plus de culture.

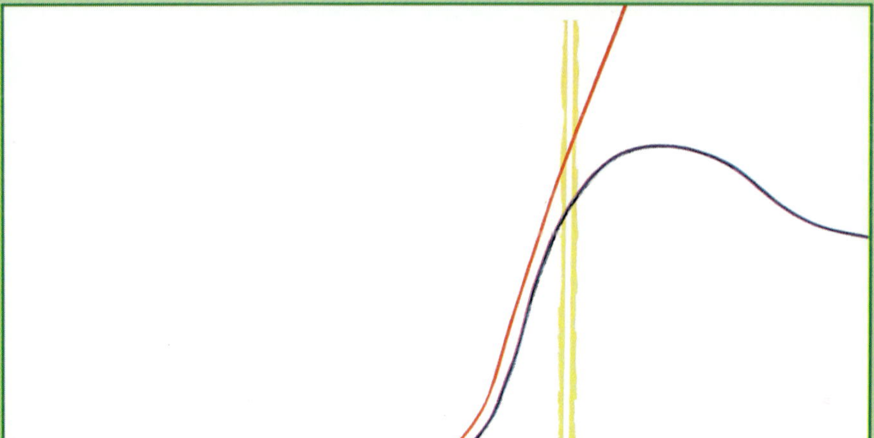

Méditation, 122 x 183 cm, peinture acrylique sur toile, Hervé Fisher, 2002.

En 1984, le Bulletin de l'ACFAS devient une véritable revue: *Interface*. Pour la première fois, cette publication rejoint à la fois les chercheurs et le grand public. En 2001, elle prend le nom de *Découvrir: la revue de la recherche*.

La science des pionniers

Jacques Rousseau et le frère Marie-Victorin mesurant un érable à Flanagan's Bay.

Université de Montréal – Division des archives, 1FP.3134

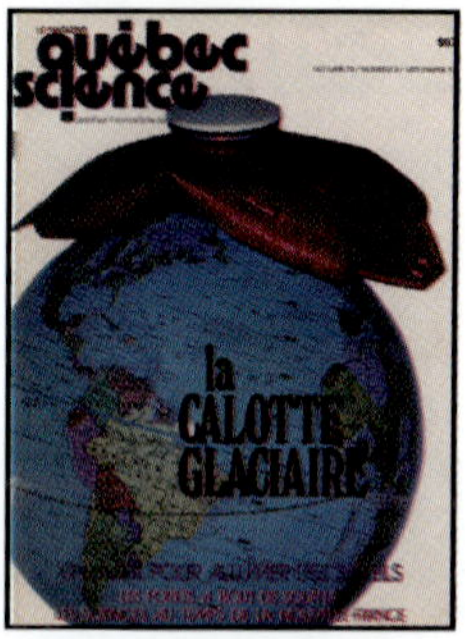

Publiée depuis plus de 40 ans sans interruption, la revue *Québec Science* a été le chef de file de la vulgarisation scientifique au Québec.

La science dans les médias

Yanick Villedieu, animateur de l'émission radiophonique, *Les Années lumière*, Pierre Lapointe, directeur général de l'INRS, Christiane Ayotte, directrice du Laboratoire de contrôle du dopage et récipiendaire du Prix du scientifique 1999 de Radio-Canada, et Sylvain Lafrance, vice-président de la radio française de Radio-Canada.

Scènes de tournage de l'émission de télévision *Découverte*. Cette émission poursuit le travail de vulgarisation scientifique commencé dès le début de la télévision de Radio-Canada par Fernand Seguin avec l'émission *La science en pantoufles*.

Photos: M. Gélinas, Radio-Canada

La science dans les médias

Quelques livres de la Collection des Débrouillards.

LES DÉBROUILLARDS Drôlement scientifique!

Félix Maltais a créé et animé la revue et les publications des Débrouillards.

Quelques illustrations de sites Internet québécois en sciences.

C'est sur Internet que la science sera de plus en plus diffusée. Outil formidable de communication, bien qu'imparfait, le site Internet optimal reste à inventer dans le cyberespace.

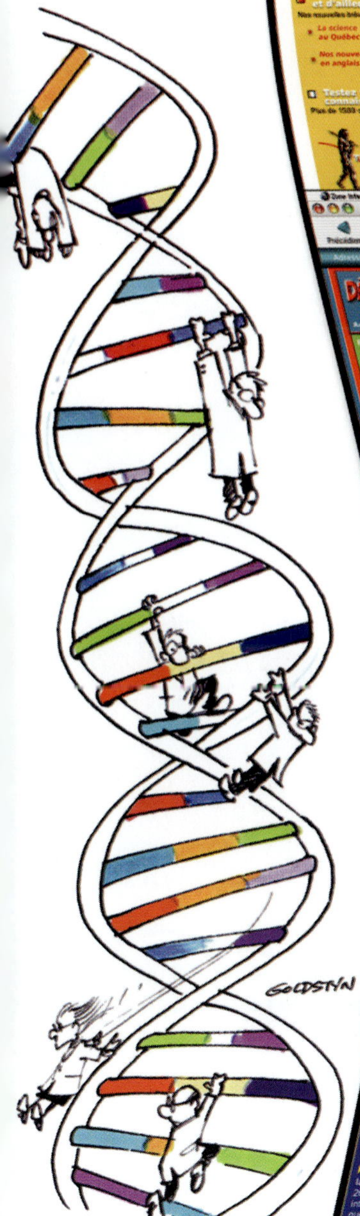

www.sciencepresse.qc.ca

www.lesdebrouillards.com

www.cybersciences.com

L'organisme Le Mérite scientifique régional souligne depuis plus de 20 ans le travail de diffusion ou de vulgarisation de certains représentants de la communauté scientifique de la région du Saguenay–Lac-Saint-Jean. Sur la photo, Guy J. Collin décernait, en 1993, une mention honorifique à Dominic Belley qui s'est illustré au cours des Expo-sciences.

La science en région

RPMK

RÉSEAU PATRIMOINE MUSÉOLOGIE KAMOURASKA

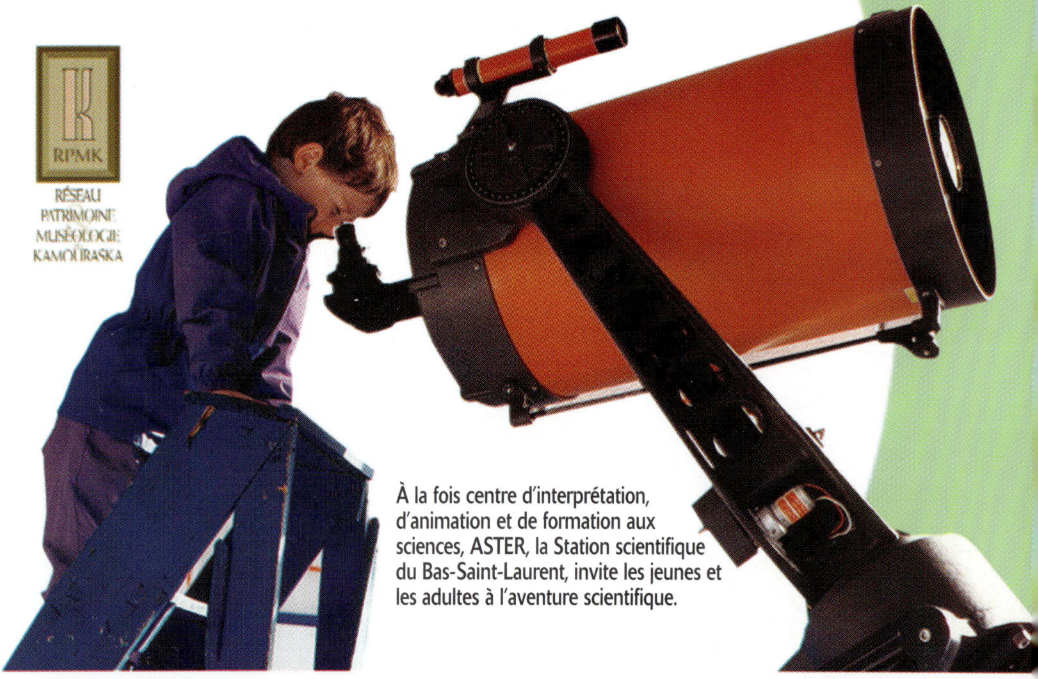

À la fois centre d'interprétation, d'animation et de formation aux sciences, ASTER, la Station scientifique du Bas-Saint-Laurent, invite les jeunes et les adultes à l'aventure scientifique.

La falaise de Miguasha, dans la Baie-des-Chaleurs en Gaspésie, renferme un site fossilifère célèbre à travers le monde. On y poursuit des recherches sur les poissons et les plantes fossiles depuis plus de 120 ans!

Fossiles de Miguasha: *Eusthenopteron foordi* et *Bothriolepis canadensis.*

Inauguré en 2000, le Centre des sciences de Montréal est vite devenu un vecteur très important de culture scientifique au Québec. Les enfants, entre autres, apprécient le centre et y reviennent avec plaisir, d'une exposition à l'autre.

La science dans les musées

Autobus-musée qui carbure à la science, le *Muséobus* présente des expositions en science à travers le Québec, l'Ontario, et le Nouveau-Brunswick depuis 1985.

Rattaché au Collège François-Xavier Garneau, le Centre de démonstration en sciences physiques (CDSP) propose d'observer le réel pour accéder aux concepts et principes scientifiques qui s'y cachent. Grâce à un local et à du matériel adéquats, le centre est à la hauteur des besoins en formation et en vulgarisation scientifique.

La science et les filles

L'organisme Les Scientifines s'est donné pour objectif d'intéresser les filles de 9 à 12 ans aux sciences. Depuis 1987, il propose des activités quotidiennes à caractère scientifique, dont des ateliers qui se déroulent après les heures de classe.

Deuxième partie

La science dans les médias

Québec Science: de l'herbier à Internet

Raymond Lemieux

28 février 2003. C'est la réunion de rédaction annuelle des collaborateurs et des journalistes de *Québec Science.* Nous sommes une quinzaine. C'est en partie aujourd'hui que sera pensé et planifié le contenu que nos 300000 lecteurs se mettront sous la dent l'an prochain. «Il faut coller encore plus à l'actualité», dit un journaliste. «Comment? lorsque de nombreux chercheurs n'aiment pas se prononcer à chaud quand survient un événement», relance un autre. Un troisième rétorque: «C'est au journaliste de mettre les faits en perspective. Pas aux chercheurs.»

Les idées fusent au sein d'un beau débat. Et comme au tout début de *Québec Science,* un constat resurgit: il faut encore, et toujours, batailler contre les préjugés qui entourent l'univers scientifique. Lutter aussi contre le qualificatif de «spécialisé» qui colle au magazine. Comme si la science ne pouvait pas recevoir l'appréciation d'un grand public. «Je rencontre souvent des lecteurs qui sont étonnés d'avoir lu un article de *Québec Science* alors qu'ils ne connaissent rien, de leur propre aveu, à la science», affirme un journaliste. Il s'interroge: «Faudrait-il songer à changer le titre du magazine?»

Québec Science, février 2003.

Premiers feuillets

On le sent, on le sait: rien n'a jamais été acquis pour *Québec Science.* Rien ne l'était davantage, en 1962, quand Léo Brassard a révisé le numéro un de la revue *Le Jeune scientifique,* l'ancêtre de notre magazine. Cet enseignant, un clerc de Saint-Viateur du Séminaire de Joliette, tenait alors, à bout de bras une modeste brochure de quelques dizaines de pages appelée *Le Jeune naturaliste.* C'est sous l'égide de l'Association canadienne-francaise pour l'avancement des sciences (ACFAS) qu'il cherchera cette fois à élargir son créneau. La présentation, résolument didactique, témoigne parfaitement de l'époque. Et les articles sur la manière de constituer un herbier côtoient sans problème les reportages sur la conquête de l'espace, sur les premières greffes du cœur ou encore sur les débuts de l'informatique.

Il faut déjà faire preuve de conviction et d'un entêtement hors du commun pour convaincre les quelques collaborateurs de fournir des textes de vulgarisation scientifique. «L'équipe du *Jeune scientifique* a toujours cherché à éviter la banalité, dit Léo Brassard. La découverte et la créativité nous permettent un constant renouvellement. Vous ne pouvez pas imaginer à quel point je trouve encore le moyen de m'instruire. L'information scientifique n'est jamais banale. C'est la raison pour laquelle ça ne vieillit pas vite.» Quarante ans plus tard, cet enthousiasme s'avère toujours présent. Même si la plupart des journalistes de l'actuelle équipe de *Québec Science* n'étaient même pas nés ou, au mieux, commençaient tout juste à apprendre à lire lors la création du magazine.

Les textes du *Jeune scientifique* ont quelque chose de généreux et de rassurant, tout en étant rigoureux. Hubert Reeves, astrophysicien et aujourd'hui célèbre communicateur, Gérard Drainville, devenu monseigneur, Jean-René Roy, l'actuel directeur de l'Observatoire France-Canada-Hawaï, Maurice L'abbé, qui sera plus tard président du Conseil de la science et de la technologie, y ont fait leurs premières armes.

L'éveil à la connaissance

D'entrée de jeu, la revue défend dans les années 60 l'accès aux sciences. Il faut se souvenir de l'état pathétique de sous-développement scientifique de «la belle province» d'alors. Nous ne comptions pas plus de 400 chercheurs par million de personnes. L'UNESCO estimait qu'une société «évoluée» devait posséder au moins 1000 savants par million. Pour Léo Brassard, il n'y a aucun doute qu'il faut rattraper ce retard. Il était temps d'«éveiller» la nouvelle génération aux connaissances.

«Étudiants et étudiantes, est-ce encore possible que votre revue vous permette une «découverte» personnelle à chacun de ses numéros?», écrit-il dans son éditorial d'octobre 1963. «Serait-ce téméraire de croire que notre modeste brochure en vienne même à influencer la pensée, à enrichir la mentalité des jeunes intellectuels et des apprentis savants recrutés chez nos lecteurs? Autant de questions et de vœux qui nous viennent à l'esprit au départ d'une nouvelle édition. Nous désirons ardemment vulgariser les domaines des sciences, les rendre plus accessibles au plus grand nombre de jeunes possible.»

La traversée de la décennie se fait sans trop de mal. Et les besoins en information scientifique des Québécois grandissent. Leur curiosité est piquée par les progrès annoncés en recherche. On venait de découvrir l'ADN – les briques de la vie –; on s'apprêtait à marcher sur la Lune et on entamait une vaste offensive contre le cancer. Un programme fascinant. C'est aussi le temps de grandes réformes institutionnelles au Québec avec, parmi celles-ci, la création du réseau de l'Université du Québec. Et s'installe une conjoncture idéale pour poursuivre autrement l'aventure commencée avec le *Jeune scientifique.* L'Université du Québec accepte de prendre le relais. Léo Brassard remet les commandes du navire à une jeune journaliste, Jocelyne Dugas, responsable alors de *Technique,* une publication du ministère de l'Éducation. Une page est tournée, une autre commence à s'écrire.

Un média pour la relève

«L'époque était en effervescence», raconte-t-elle. La science québécoise était en plein essor. D'ailleurs, le retard à rattraper n'échappait à personne. «Il n'y avait à l'époque que 7% de scientifiques francophones au Canada. Mais on sentait que cela allait changer. Il y avait 40000 enfants inscrits dans les expo-sciences et les cercles de jeunes naturalistes. Il fallait fournir un média à ces jeunes qui découvraient le plaisir de la science, les soutenir dans leurs ambitions et les alimenter afin qu'ils constituent notre relève et notre élite scientifique.»

Jocelyne Dugas opte pour une formule. C'est un second début pour le magazine. Elle s'adjoint, entre autres collaborateurs, un coopérant fraîchement émoulu de l'École de journalisme de Lille, Michel Gauquelin. La maquette est repensée. Puis, on lance un concours pour rebaptiser le magazine. «Un lecteur de Joliette nous a proposé *Québec Science.* Pourquoi pas, nous sommes-nous dit: les Américains ont bien *Scientific American*!» Le premier magazine paraîtra avec son nouveau nom en janvier 1970. La page couverture affiche un drapeau britannique illustrant la réforme de l'heure, qui soulève même quelques passions: le système métrique.

Jean-Marc Gagnon, véritable pilier de l'entreprise pour les années à venir, joint l'équipe en 1971. Il entraîne à sa suite, une pléiade de jeunes journalistes prometteurs: Yanick Villedieu, Fabien Gruhier, Jean-Marc Fleury, Jean-Pierre Rogel, Diane Dontigny, Pierre Sormany, Luc Chartrand, André Delisle, François Picard, Jean-Marc Carpentier et Gilles Provost. «Ça a été une rampe de lancement pour de nombreux journalistes. Je ne connais pas de magazine qui ait essaimé à ce point», souligne Jean-Marc Gagnon.

L'équipe de 1975: Françoise Ferland, préposée aux abonnements, Jean-Marc Gagnon, directeur, et Patricia Larouche, secrétaire (première rangée); Benoît Drolet, rédacteur, Diane Dontigny, adjointe à la rédaction, et Jean-Pierre Langlois, concepteur-graphiste et créateur des couvertures concepts (deuxième rangée).

La liste des collaborateurs qui emplissent les pages de *Québec Science,* tout au long de son histoire, s'avère impressionnante. On y lit près d'un millier de noms. Une démonstration sans équivoque du rôle déterminant du magazine en la matière. Tandis que des expériences semblables, tentées au Canada anglais (*Science Dimension* et *Science Forum*) connaissent de lamentables échecs.

Québec Science, octobre 1972.

Peut-être est-ce dû à l'approche «grand public», non dénouée d'originalité, sur laquelle mise l'équipe de Jean-Marc Gagnon? Toujours est-il que *Québec Science* trouve le ton qui le distingue parmi les autres périodiques. Ses «couvertures concepts» – des compteurs électriques branchés sur un melon pour annoncer un dossier sur les énergies vertes ou un os à la place d'un globe terrestre pour illustrer la crise alimentaire – sont soutenues par des titres teintés d'un humour subtil: «Certain n'est pas scientifique», «Le monde des trop petits», etc.

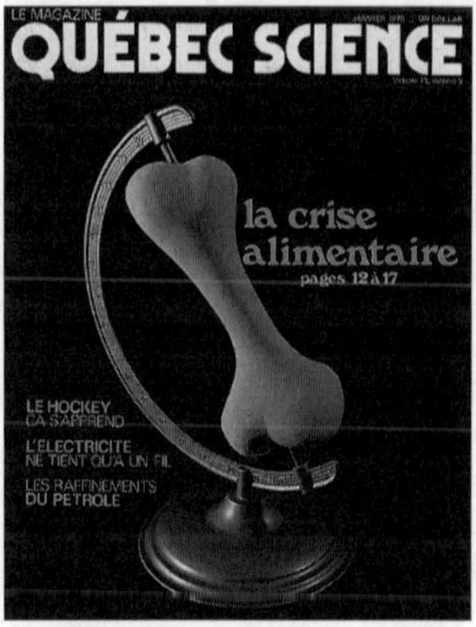

Québec Science, janvier 1975.

La croissance

Très rapidement, *Québec Science* entre dans une période de croissance. En 1973, il compte près de 5000 abonnées. Il atteindra au tournant des années 1980, près de 20000 abonnés. Le pari est gagné. Le Québec a son magazine d'actualité scientifique! Cela tombe bien car les années sont haletantes. On assiste au premier séquençage génétique en 1974, à la prise de conscience environnementale, à de spectaculaires percées en technologies médicales – comme les premiers bébés éprouvettes – à des débats sur le climat et l'énergie, au moment où l'on s'apprête à harnacher la rivière La Grande, jusqu'aux découvertes bouleversantes en paléontologie, celle de Lucy. «C'est un produit particulier: il s'adresse à l'intelligence», confie Jean-Marc Gagnon.

L'information et la culture scientifique feront désormais partie du paysage médiatique québécois. Prolifiques, les journalistes poussent la petite entreprise à publier des ouvrages comme *Patience dans l'azur, Demain la santé* et encore *Paradis de la pollution.*

Michel Gauquelin

Le contexte économique qui suit – une récession qui a fait monter les taux d'intérêt jusqu'à 18% – s'avère moins favorable. Les abonnements chutent. En 1992, un concours de circonstances pousse le Cégep de Jonquière, déjà passablement versé dans la formation en science, en technologie et en communication, à s'en porter acquéreur. Les commandes sont remises à Michel Gauquelin, un artisan de la première heure.

À la conquête du Web

La mer des médias est toujours houleuse. Les navigateurs retrouvent pourtant leur audace et de jeunes journalistes se joignent à l'aventure. Un coup de barre est donné: celui du Web. Les guides pratiques sur Internet seront des best-sellers. *Québec Science* est le premier média québécois à se doter d'un site Internet, en mars 1995. Cybersciences.com rejoint maintenant plus de 400000 internautes par mois, près de la moitié provenant de l'extérieur du Québec. En 2000, une version jeunesse pointe son nez: Cybersciences.junior. Près de 40000 jeunes le visitent chaque mois. Et son contenu a même été traduit en langue basque!

Le magazine a retrouvé ses lecteurs. Ils sont servis par une équipe éditoriale aussi avide de science que d'information: Philippe Chartier, Isabelle Cuchet, Catherine Dubé, Marie-Pier Élie, Joël Leblanc et Mathieu-Robert Sauvé. Cette équipe continue d'être soutenue par de vieux routiers. En plus d'être multidisciplinaire, *Québec Science* est intergénérationnel!

Québec Science, juin 2003.

Plus de quarante ans après sa naissance, *Québec Science* doit répondre à un public qui recherche toujours plus de culture scientifique. Ce n'est pas un luxe à l'ère des organismes génétiquement modifiés, des super accélérateurs de particules, des images remarquables du fond de l'Univers prises par le télescope Hubble, des débats de société entourant la production alimentaire ou la mise en valeur des rivières.

Apprendre à comprendre

Ce n'est évidemment pas en lisant *Québec Science* que l'on obtient un diplôme mais c'est en lisant *Québec Science* que plusieurs d'entre nous ont appris à comprendre comme le disait Fernand Seguin. «Apprendre à comprendre», une formule qui s'associe bien à notre rôle d'information. Notre travail implique que nous puissions donner un sens à la réalité qui nous entoure. Cette réalité que les scientifiques, les ingénieurs, les penseurs ont contribué à transformer.

Québec Science, juillet 2003.

«Le public veut savoir le pourquoi et le comment des choses», rappelle avec philosophie un participant lors de notre réunion de rédaction. «Nos lecteurs nous demandent d'être critiques et vigilants.» Et, quand on constate à quel point la science se trouve au carrefour d'énormes intérêts économiques, le journaliste doit dorénavant dépasser la simple vulgarisation scientifique.

Québec Science, octobre 2003.

Pas banale, la science! Pas banal également, le travail d'information. Si *Québec Science* n'a jamais vraiment possédé les moyens de ses ambitions, l'engagement de ses artisans et leur passion pour un journalisme différent lui permettent de se maintenir sur la mer houleuse des médias. Il suffit d'une réunion de rédaction pour constater combien *Québec Science* y aura toujours sa place. Même dans cent ans!

Raymond Lemieux est rédacteur en chef du magazine *Québec Science* depuis 1995. Il a auparavant œuvré dans le monde du journalisme pour des médias aussi divers que *Le Devoir, Justice, Franc vert, Écologie, Forêt Conservation, La Presse, Hebdo Science.* Pour lui, il ne fait aucun doute que la science traverse un grand nombre d'enjeux sociaux et technologiques. En ce sens, les journalistes – scientifiques ou pas – ont une responsabilité qui s'accroît sans cesse: celle d'éclairer les citoyens afin que ces enjeux soient discutés avec franchise et justesse sur la place publique.

LA SCIENCE SUR LES ONDES

Joane Arcand et Yanick Villedieu

La radio de Radio-Canada a toujours eu son coin «science» à l'antenne. Encore aujourd'hui, et de façon jamais démentie depuis plus de 60 ans, elle considère en effet que la science fait partie de son mandat de diffuseur public.

Moyen d'information, la grande sœur de la télévision est aussi, à ses débuts, un outil d'éducation. Radio-Canada propose donc, dès les années 40, *Radio-Collège.* Cette programmation présente, dans le style didactique de l'époque, des conférences sur toutes sortes de sujets «savants», dont bien sûr les sciences; particulièrement les sciences naturelles qui ont pris un essor considérable au Canada français sous la houlette du frère Marie-Victorin.

C'est d'ailleurs sur les ondes de *Radio-Collège* que Fernand Seguin, la plus grande figure de la vulgarisation scientifique francophone au pays, fera en 1947 ses premières armes de communicateur avec une série appelée «Aventures scientifiques». L'association entre Fernand Seguin et *Radio-Collège* durera sept ans et permettra à son auteur d'explorer de nombreux sujets en biologie, en biochimie, en psychiatrie et en médecine.

Comme le rapportent Jean-Marc Carpentier et Danielle Ouellet dans leur livre *Fernand Seguin, le savant imaginaire* (Libre Expression, 1994), «l'équipe de *Radio-Collège* se sent investie d'une véritable mission d'éducation populaire». Cette quotidienne, lancée en 1941, s'adresse – écrivent encore les auteurs – «aussi bien au grand public qu'aux étudiants désireux de parfaire leur formation. [...] Son objectif est "d'instruire tout en délassant", et surtout de donner le goût de la connaissance et de la culture aux auditeurs.» *Radio-Collège* traite d'ailleurs également d'histoire, d'art et de littérature.

Fernand Seguin, on le sait, fera une impressionnante carrière à la télé dès la naissance de cette dernière, en 1952. Le vulgarisateur émérite y consacrera beaucoup d'énergie, aussi bien pour des séries à caractère scientifique que pour des magazines généralistes comme le fameux *Sel de la semaine.* Pourtant rares seront les années, entre 1955 et 1970, où Fernand Seguin n'aura pas à la radio sa série d'émissions de vulgarisation.

La science comme information

L'année 1970 voit la naissance d'une émission radio d'actualité scientifique: *La Science et vous.* L'ancêtre de l'actuelle émission spécialisée en la matière, *Les Années lumière,* gardera les ondes durant une décennie. Cette émission hebdomadaire sera d'abord animée par Fernand Seguin, puis successivement, par Joël Le Bigot et par le psychiatre Yves Quenneville.

C'est avec *La Science et vous* que la radio va prendre ce qu'on appelle alors «le virage information» de la communication scientifique. Plutôt que de vulgariser des connaissances, comme le ferait l'école, on suit l'actualité de la science comme d'autres journalistes suivent celle de la politique, de la vie municipale, des faits divers ou des sports. On ne se contente donc plus de raconter «le roman de la science», pour reprendre le joli titre d'une série télévisée de Fernand Seguin. Il s'agit de rapporter les développements les plus récents, de questionner la science et ses applications technologiques, d'en montrer les tenants et les aboutissants, de présenter ses acteurs et, parfois, ses jeux de coulisse.

C'est donc vers le milieu des années 70 que la science devient un domaine journalistique à part entière. À la radio de Radio-Canada, bien sûr, mais également à la télévision publique comme en témoigne l'émission *Science Réalité,* devenue *Découverte* quelques années plus tard. Et du côté de la presse écrite avec le magazine *Québec Science,* héritier d'une publication à vocation pédagogique, *Le Jeune scientifique.* L'arrivée d'une jeune génération de journalistes scientifiques et la création, en 1976, de l'Association québécoise des professionnels de la communication scientifique – aujourd'hui Association des communicateurs scientifiques – ne sont pas étrangères à ce virage et à ce changement de perspective.

Un bel exemple de ce passage de la vulgarisation à l'information se produit, justement, à la radio de Radio-Canada. De 1979 à 1981, *La Science et vous* intègre un grand magazine d'information du samedi après-midi, *Antenne-5,* animé par Réginald Martel. En plus de science, on y parle d'actualité générale, de politique internationale, d'économie et d'arts et lettres. Chaque module se partage l'antenne mais si l'actualité le commande, le reportage scientifique ouvre l'émission. Ce fut le cas en 1981 lorsque Jean-Marc Carpentier couvrit le lancement de la première navette spatiale en direct de Cap Canaveral.

L'autonomie

L'expérience d'*Antenne-5* durera deux ans, au terme desquels le magazine scientifique reprendra son autonomie, à l'automne de 1981. Diffusée le dimanche, l'émission hebdomadaire prend le nom d'*Aujourd'hui la science* et appartient aux émissions dites «d'affaires publiques». Fernand Seguin y est encore chroniqueur, mais l'essentiel de l'heure consiste en reportages et entrevues studio produits par une équipe de professionnels de l'information comme Jean-Marc Carpentier, René Vézina, Luc Chartrand, Jean Lalonde, Marc Bourgault ou les auteurs de ces lignes, Yanick Villedieu (depuis 1982) et Joane Arcand (depuis 1986).

Évolution plutôt que révolution, l'émission change de titre en 1994, pour prendre le nom qu'on lui connaît aujourd'hui, *Les Années lumière* (sans doute pour signifier que la science apporte de la lumière à nos années...), et à partir de 1997, elle s'allonge d'une heure. Réalisée et animée respectivement par Joane Arcand et Yanick Villedieu, elle est «alimentée», ces derniers temps, par le travail de journalistes comme Dominique Lapointe, Pauline Vanasse, Chantal Srivastava et Sophie Payeur. Chaque journaliste, incluant l'animateur, est chargé de couvrir quelques grands domaines: l'environnement, l'espace, l'astronomie, la biologie, la médecine, les sciences naturelles, la paléontologie, le génie, les nouvelles technologies, l'énergie, etc.

Une équipe de chroniqueurs spécialisés, reconnus dans leurs domaines respectifs, participe aussi à l'émission sur une base régulière: Marie-Dominique Beaulieu, médecin et professeur à l'Université de

Montréal pour la chronique *Médecine;* Rachel Léger, biologiste et directrice de la recherche au Biodôme de Montréal pour la chronique *Nature;* Yves Gingras, physicien et sociologue pour la chronique *Histoire des sciences;* Pierre Dumouchel, informaticien et directeur de la recherche au Centre de recherche en informatique de Montréal pour la chronique *Nouvelles technologies;* Laurent Drissen, astrophysicien et professeur à l'Université Laval pour la chronique *Astronomie.*

En plus de reportages variés, l'émission offre des rubriques régulières: le courrier des auditeurs, le petit journal de la science, l'auteur de la semaine. Son équipe concocte aussi des séries thématiques de trois à cinq semaines. Des émissions spéciales de deux heures sont également produites une ou deux fois l'an; en 2002-2003, l'une a été consacrée à la montagne et l'autre à l'eau.

Il ne faut pas réduire la place de la science à la radio de Radio-Canada à la seule émission *Les Années lumière* car la science a très largement droit de cité à l'antenne publique. On l'entend dans les radio-journaux diffusés 24 heures sur 24, 7 jours sur 7. Et un journaliste comme Pierre Couture, du service des nouvelles radio, couvre la science depuis fort longtemps. La science s'écoute aussi au quotidien grâce au bulletin de deux minutes, *Info-Science,* conçu et réalisé par Joane Arcand. *Info-Science* est en ondes cinq fois par semaine depuis 1999, sur les deux chaînes publiques, la Première chaîne et à la Chaîne culturelle.

De plus, nombre d'émissions d'affaires publiques ou d'intérêt général, *C'est bien meilleur le matin, Indicatif Présent* ou *La Tribune du Québec,* n'hésitent pas à aborder des sujets scientifiques quand ils «font» l'actualité. Enfin, la Chaîne culturelle, s'inscrivant d'une certaine façon dans la tradition pédagogique de *Radio-Collège,* met chaque année en ondes un certain nombre de séries et de documentaires à caractère scientifique, dans le cadre notamment de l'émission *Des Idées plein la tête,* présentée par Bernard Derome. On le voit – ou plutôt on l'entend –, la place de la science à la radio de Radio-Canada est loin d'être négligeable.

Du montage à la diffusion

Une entrevue, deux entrevues et du son d'ambiance que l'on recueille sur un magnétophone à rubans, une énorme machine des débuts de la radio, la *Nagra*. Puis tout cela est transféré un peu plus tard, sur des cassettes, un format plus pratique. Dans la salle de montage traînent un peu partout des lames de rasoir, du ruban magnétique débordant de la poubelle. Des sections de ruban tapissent également les murs maintenues avec du ruban à épisser qui réunit les innombrables bouts coupés en biseau par la lame du rasoir avec la précision d'un bistouri. Du vrai travail de chirurgien. Ensuite, il s'agit de ne pas égarer la bobine. Voilà les conditions de travail... d'un temps pas si lointain: jusqu'en 1999!

Depuis, le montage, étape cruciale de tout bon reportage est presque devenu une sinécure avec l'arrivée des mini-disques et du système numérique DALET. Plus de bobines à transporter d'un studio à un autre mais un format réduit et un transfert rapide. Au début, les nouvelles technologies ont fait grincer des dents mais maintenant, plus personne ne voudrait s'en passer.

Lors de l'enregistrement de l'émission en studio, le technicien rassemble les fichiers audio préparés et sélectionnés sur le «navigateur» d'où il les lance à la suite des présentations de l'animateur et des journalistes. L'émission «en boîte» est sauvegardée dans un fichier que la Régie centrale ira automatiquement cueillir le jour et l'heure de la diffusion... le dimanche à midi 15!

Certaines émissions sont également produites en direct et devant public. Ces «sorties», toujours excitantes, sont une bonne façon de rencontrer notre public. Il y a les habitués mais aussi de nouveaux auditeurs, les futurs fidèles des *Années lumière*. Au nombre de ces rendez-vous réguliers figure le Congrès de l'ACFAS, qui se déroule chaque mois de mai. L'équipe enregistre toute l'émission dans les locaux de l'université hôte avec les congressistes. Il y a aussi, depuis un an, les très populaires *Bars de science* organisés par le magazine *Québec Science*. Une centaine de personnes se rencontrent de façon informelle dans un bar pour discuter des enjeux scientifiques de l'heure: climat, évolution de l'homme, organismes génétiquement modifiés, clonage, etc. Les meilleurs moments sont enregistrés et rediffusés à l'émission.

Aujourd'hui la science avec Marc Bourgault, intervieweur, Louise Paquin, assistante à la réalisation, Joane Arcand, intervieweuse, Dr J. André Fortin, directeur de l'Institut de recherche en biologie végétale de Montréal, Yanick Villedieu, animateur et Marcel Tremblay, réalisateur.

Sans oublier la première sortie de l'année: celle de la remise du Prix du scientifique de Radio-Canada. Depuis plus de 15 ans, l'équipe des *Années lumière* choisit le scientifique qui s'est particulièrement illustré au cours de l'année, en consultation avec des collègues et les gens du milieu. Le prix? Une longue entrevue menée de main de maître par l'animateur. La rencontre est toujours passionnante parce qu'en plus de nous présenter des gens de grand talent, elle nous fait découvrir des personnes de grand cœur.

Les émissions en direct sont aussi celles qui bousculent la feuille de route. Actualité oblige. Par exemple, la tragédie de la navette *Columbia*, survenue un samedi, alors que tout était déjà enregistré. En une journée, une nouvelle émission a pris forme.

Le scientifique de l'année de Radio-Canada 1994. Louis Martin, directeur général des programmes de l'information radio, René Racine, astronome et astrophysicien, Joane Arcand, journaliste, *Les Années lumière* et Yanick Villedieu, animateur.

Le lendemain, l'équipe a fait le tour complet de cette tragédie, pendant deux heures avec des invités en studio et au téléphone, abordant les causes possibles de l'événement et les conséquences sur les programmes spatiaux.

Des sujets au montage

Pour pouvoir traiter d'autant de sujets pendant deux heures toutes les semaines, il faut des stratégies. Tout commence lors des réunions de production hebdomadaires, on consulte le calendrier des événements, les annonces de colloques et de conférences scientifiques, les lancements de livres, les articles des revues spécialisées ou de vulgarisation. Ici et dans le monde, tout est à suivre et à surveiller pour une émission de radio comme la nôtre. Les quatre journalistes se partagent les dossiers. Les journalistes et l'animateur font les lectures et les recherches préparatoires avant de contacter leurs potentiels invités.

Quels invités? Ceux qui sont à l'origine de la découverte ou des travaux de recherche, bien sûr. Les Nobel y compris. Mais que faire lorsque la découverte, ou la publication, est issue d'un laboratoire en Grande-Bretagne, ou au Japon, où aucun chercheur ne parle français? La langue devient alors un élément dont il faut tenir compte dans le choix des sujets.

Heureusement, la francophonie compte des chercheurs de grand talent, prêts à venir discuter de leurs plus récents travaux. Et même de ceux des autres! Les réseaux de chercheurs existent depuis fort longtemps, en dépit des barrières linguistiques. C'est pourquoi il se trouve toujours un chercheur d'ici capable de nous expliquer les travaux qui se poursuivent dans un laboratoire américain ou italien. Un scientifique qui travaille sur les mêmes pistes et qui peut expliquer en français les détails de la brillante conférence prononcée par ce paléontologue chinois… en anglais!

L'anglais, la langue des sciences

Depuis l'arrivée d'Internet, la recherche des invité(e)s devient beaucoup plus efficace. Profitant des réseaux de chercheurs et de l'habitude qu'ils ont de communiquer entre eux par courrier électronique, nous nous sommes «introduits» dans leur vie. Nous pouvons maintenant les débusquer au sommet de leurs observatoires, dans les profondeurs de leurs labos souterrains ou même à leur domicile… si leurs coordonnées figurent sur leur site!

Les moteurs de recherche nous lancent sur la piste de personnes et de lieux insoupçonnés. Puis un courriel, ou un appel téléphonique, confirme ensuite qu'une entrevue en français, à l'autre bout de la planète est accordée.

«Les joies de la radio!», entend-on souvent dire par ceux et celles qui la font. La radio offre cette souplesse que nous envient souvent nos collègues de la télévision. La miniaturisation de nos outils de travail et la vitesse à laquelle il est possible de réagir après un événement ou une déclaration permettent une analyse à chaud. Les différents formats de notre émission apportent également une grande flexibilité, loin des contraintes du documentaire par exemple. Nous pouvons donc mettre de côté un reportage intemporel pour le remplacer par deux sujets plus courts qu'une actualité impose.

La mesure des cotes d'écoute

Dans toutes les provinces canadiennes, les auditeurs syntonisent le magazine *Les Années lumière*. Il est même possible de capter l'émission à l'étranger et sur ondes courtes par l'entremise de Radio-Canada International (RCI). Au pays, notre auditoire moyen se situe autour de 60000 personnes. Notre site Internet se classe parmi les 20 plus populaires de Radio-Canada avec une fréquentation de 850 à 1000 visiteurs par semaine.

Mais la véritable mesure des cotes d'écoute vient des questions et des commentaires des auditeurs. Les réactions ne proviennent pas uniquement des gens du milieu de la science et de la technologie, à l'oreille déjà formée aux notions complexes, mais aussi de gens curieux désirant approfondir des sujets qui risquent de prendre de plus en plus de place dans leurs vies. Et c'est pour eux que nous aimons travailler!

Joane Arcand et **Yanick Villedieu** sont respectivement réalisatrice et animateur de l'émission *Les Années lumière*, le magazine scientifique de la Société Radio-Canada.

Le Club des Débrouillards, c'est drôlement scientifique!

Le professeur Scientifix,
avec la collaboration de Félix Maltais

À l'automne 1978, quelques communicateurs scientifiques fondent l'Agence Science-Presse. Sa mission: fournir aux médias, surtout les hebdos régionaux et les stations de radio, des textes sur la recherche scientifique.

Après quelques mois d'activités, deux directeurs d'hebdos régionaux demandent à l'agence des textes pour les jeunes: «parce que la science et les jeunes, ça va bien ensemble». Ils voyaient là un bon moyen d'amener les jeunes à lire l'hebdo régional.

Mais où trouver ces textes pour les jeunes? C'est alors que le professeur Scientifix entre en scène...

L'histoire des Débrouillards, comme si vous y étiez!

Le professeur Scientifix

L'été 1979, je rencontre par hasard le directeur de la jeune Agence Science-Presse, Félix Maltais. Nous possédons une amie commune, Nicole, une enseignante passionnée par les sciences. Au moyen de son fameux sucre à la crème, Nicole m'avait déjà convaincu de préparer quelques expériences simples pour ses élèves[1].

Flairant la bonne occasion, Félix me commande des expériences (gratuitement, il va sans dire) afin de les diffuser aux abonnés de l'Agence Science-Presse. J'accepte. Ma chronique hebdomadaire, intitulée *Le Petit Débrouillard,* débute le 25 septembre 1979.

1. Voir *Les Débrouillards,* janvier 1991, page 17.

C'est tout de suite un gros succès: la plupart des hebdos abonnés à l'ASP la diffusent[2].

Goldstyn et *Le Petit Débrouillard* (le bleu)

Au bout d'un an, Félix m'annonce avec excitation que son ami Jean-Marc Gagnon, directeur de Québec Science Éditeur, accepte de publier un recueil de mes meilleures expériences.

J'ai aussitôt repris et amélioré mes textes. Mais il fallait aussi de nouvelles illustrations. C'est alors que se présente un jeune étudiant en géologie.

– As-tu de l'expérience?

– Euh... je dessine dans le journal étudiant.

– Montre-moi ce que tu sais faire.

Là, j'ai été franchement impressionné. Jacques Goldstyn a créé devant moi des jeunes débrouillards sympathiques et amusants. Cela, à la vitesse de l'éclair! «Quel talent!», ai-je pensé. Je l'ai engagé sur-le-champ. Ce fut la meilleure décision de ma vie!

Le Petit Débrouillard (le livre bleu) a été publié en mars 1981. Nous espérions en vendre mille exemplaires la première année... Nous en avons vendu mille le premier mois! Le livre s'est même retrouvé sur la liste des best-sellers du journal *La Presse.* Incroyable!

– Professeur, il faut écrire d'autres livres!, me dit l'éditeur Jean-Marc Gagnon.

Grâce à des adjoints dévoués, nous avons rapidement publié *Les voyages fantastiques de Globulo,* puis *Jardinez avec le Prof Scientifix* et un deuxième recueil d'expériences, le livre jaune. D'autres publications ont suivi, surtout dans les années 1980 (grâce à mon adjoint Martin Paquet), de sorte qu'après 20 ans, nous avons publié plus de 40 livres, albums et cahiers d'activités.

Je suis particulièrement fier de nos albums *Les Grands débrouillards* tome 1 et tome 2, qui présentent en bandes dessinées l'histoire

2. Ce succès de presse s'est reproduit également dans les grands médias. Pendant six ou sept ans, nous avons vendu aux deux principaux quotidiens montréalais, l'un après l'autre, une page hebdomadaire *Les Débrouillards,* qui comprenait des expériences, jeux et informations scientifiques variées.

Jacques Goldstyn au Camp des Débrouillards, à Arundel dans les Laurentides.

de grands scientifiques (Bombardier, Marie-Victorin, Dansereau, Bell, etc.) et de réalisations technologiques de chez nous (le pont-tunnel Louis-H. Lafontaine, le Canadair CL-215, etc.).

Le Club

Pendant que j'écrivais mon deuxième livre d'expériences, à l'automne 1981, Félix et Robert Richards (le président de l'Agence Science-Presse) avaient une idée derrière la tête: créer le Club des Débrouillards.

Ils me demandent d'en être le directeur.

«Prof, ce sera votre *fan-club*!» dit Robert en riant.

«Un *fan-club*? Moi, si timide...»

Félix avait rencontré Claude Benoit et Michel Bois, les dirigeants du Conseil de développement du loisir scientifique (CDLS). Le CDLS anime un vaste réseau, qui comprend neuf Conseils du loisir scientifique régionaux (CLS) partout au Québec.

> Le réseau CDLS-CLS accepte d'être notre partenaire dans la création du Club, dit fièrement Félix. Avec votre aide, prof, ils vont former des animateurs. Ce seront vos adjoints. Ils vont regrouper les jeunes pour les aider à faire vos expériences. On va lancer un magazine et publier plein de livres. Et plus tard, on fera de la télé!

Les quatre principaux créateurs des expériences des Débrouillards depuis 1980: Bernard Larocque, Robert Richards, Marc Gingras et Yannick Bergeron. Devant, la fille de Robert, Camille, sûrement une future adjointe du professeur Scientifix!

Ils avaient tout préparé; j'ai accepté... mais à condition de rester anonyme! Le Club des Débrouillards a été officiellement lancé en janvier 1982.

Depuis 20 ans, mes adjoints du réseau CDLS-CLS en ont fait du travail! Ateliers d'expérimentation, animations scientifiques dans les écoles, camps de jour, camps de séjour, samedis scientifiques, fêtes scientifiques avec Beppo, la fameuse Journée nationale des Débrouillards (le premier samedi de décembre), et bien d'autres. Ils ont fait aimer la science à des centaines de milliers de jeunes.

Un magazine qui grandit

Au début, le magazine était de petit format (17 x 22 cm), 16 pages, sans photos, sans couleurs. Je le réalisais avec quelques adjoints bénévoles. Petit à petit, le magazine a grandi. En septembre 1984, il adopte un nouveau format (le format actuel), mais compte seulement 24 pages. La première page en couleurs remonte à mars 1986. On en était vraiment fiers!

Au premier anniversaire, on avait 1000 abonnés. Ça doublait chaque année: 2000 abonnés... 4000... 8000. Si ça avait continué au même rythme, on aurait, en 2003, 525 millions d'abonnés au lieu de 31500!

C'est seulement depuis septembre 1996 que le magazine est entièrement en couleurs. Avant ça, il avait 32 pages couleurs et 16 pages en deux couleurs. Ça coûtait moins cher.

Marie-Soleil et Gregory arrivent...

Dès les débuts du Club, nous avons voulu avoir une série à la télévision. Pour rejoindre plus de jeunes, surtout ceux qui n'aiment pas la lecture! Et pour créer une synergie avec les volets *Imprimés* et *Animation* des Débrouillards.

Mais ne passe pas à la télé qui veut! Les séries pour les jeunes sont difficiles à rentabiliser pour les diffuseurs, car ils ne peuvent pas y vendre des annonces.

Alors, au début, on a fait des séries d'émissions à la télé communautaire. Le samedi, mes adjoints Félix et Robert Richards enregistraient les émissions dans un petit studio, à Longueuil. C'était plutôt artisanal!

Puis, en septembre 1990, c'est la première émission des *Débrouillards* à Radio-Canada. Et avec deux animateurs-vedettes: Marie-Soleil Tougas et Gregory Charles. Ça a duré cinq ans; on a fait presque 150 émissions géniales, grâce à des super adjoints comme Diane England, Sarah Perreault, Jean-Louis Côté, et bien d'autres.

Hélas, Marie-Soleil est décédée dans un accident d'avion, à l'été 1997. On l'aimait tellement!

La série a fait relâche trois ans, avec des reprises à Canal Famille. Puis l'émission est revenue à Radio-Canada de 1998 à 2000, puis à Télé-Québec pour la saison 2001-2002.

Aujourd'hui, la série est sortie des écrans télé, mais on travaille très fort pour y revenir.

Un débrouillard m'étonne

Après les chroniques, livres, magazines, activités d'animation et série télévisée, il manquait encore quelque chose au mouvement des Débrouillards. C'est du moins ce que pensait un jeune débrouillard de Québec.

Pour la deuxième série des *Débrouillards* (1998-2002), Gregory Charles était entouré de quatre coanimateurs: Ian England, Cédric Pépin, Karine Vanasse et Caroline Théroux.

Il y a 15 ans, la chronique d'informatique du magazine était écrite par un enseignant de Québec, Guy Bergeron, avec l'aide de son élève Marc Boutet, un ado super débrouillard.

Un beau jour de 1989, Guy et Marc me proposent de transférer tous les articles des anciens magazines sur des disquettes d'ordinateur (c'était avant les cédéroms).

«Ainsi, plaide Marc avec enthousiasme, tous les Débrouillards vont avoir accès aux anciens magazines. C'est une source d'information extraordinaire, prof!»

- Oui, mais comment vont-ils retrouver les textes?
- Super facile, répond Marc! J'ai créé un logiciel de recherche par mots-clés. Entrez les mots BÉLUGA et SAINT-LAURENT. En quelques instants, vous avez à l'écran la liste de tous les articles où ces mots sont apparus ensemble.

Ce débrouillard m'étonnait.

Après les disquettes, en 1996, Marc et Guy ont mis tout ça sur cédérom, c'est devenu le *CD Scientifix,* qui est amélioré régulièrement. Ils ont créé leur propre compagnie, DeMarque, et fait d'autres cédéroms pour les revues *Québec Science, Protégez-vous, Science* et *Vie Junior,* etc.

Marie-Soleil Tougas et Gregory Charles examinent la banque de données «Scientifix» créée par Guy Bergeron (au centre) et Marc Boutet (à droite).

Un autre beau jour, en 1997 je crois, Marc et Guy m'ont proposé de créer le site des Débrouillards sur Internet. «Super idée, leur ai-je dit, mais je n'ai pas d'argent à investir là-dedans. Vous devrez vous débrouiller tout seuls!»

Ils m'ont encore étonné! Aujourd'hui, notre site, l'un des meilleurs sites scientifiques pour les jeunes, reçoit 3000 visiteurs par jour!

Des débrouillards... sur toute la planète!

Savez-vous qu'il y a des Débrouillards dans près de 20 pays?

Deux ans après la fondation du Club, en 1984, deux de mes adjointes sont allées en France pour faire des expériences des Débrouillards. Les Français ont tellement aimé ça qu'ils ont décidé de faire la même chose chez eux.

Aujourd'hui, il y a deux cents animateurs des Débrouillards à plein temps en France. Ça marche fort. Ils publient aussi de superbes livres, comme l'*Encyclopédie pratique des petits débrouillards* (10 volumes) et la collection *Sciences en poche* (16 livres), aux éditions Albin Michel.

Ce n'est pas tout: il y a aussi des associations de Débrouillards en Belgique, en République slovaque, en Russie, en République tchèque, au Maroc, en Tunisie, au Mexique, au Brésil, etc. Cette expansion est due en bonne partie au travail de plusieurs adjoints, dont mes amis français Pascal Desjours, Jean-Claude Guiraudon et François Deroo.

Ces associations nationales font partie de la Fédération internationale des Petits Débrouillards, animée par ma collègue Carole Charlebois, directrice générale du Conseil de développement du loisir scientifique.

Ça me réjouit de voir qu'il y a autant de jeunes qui aiment les sciences dans tous ces pays. Car pour régler les problèmes de la planète, ça va en prendre, des Débrouillards!

Professeur Scientifix

Quelles leçons tirer de cette expérience?

Le professeur Scientifix a bien décrit la façon dont le mouvement éducatif Les Débrouillards s'est développé. Il reste quelques points sur lesquels il convient d'insister.

D'abord, sur l'aspect multimédia des Débrouillards. L'idée de combiner livres, magazines, chroniques dans les médias, télévision, animation sur le terrain et, plus tard, site Internet, nous est venue du défunt programme Multi-Média, du ministère de l'Éducation du Québec. Au début des années 1970, ce programme créé par Guy Messier visait l'éducation des adultes en milieu défavorisé en utilisant une panoplie de médias légers et lourds.

Pour les Débrouillards, l'objectif de l'utilisation du multimédia était à la fois commercial et pédagogique.

- *Commercial*, parce que plusieurs médias vont se renforcer mutuellement. Chaque média ou chaque volet du mouvement fait connaître l'ensemble du Club et amène une clientèle aux autres. À cet effet, la télé est un média très puissant: elle rejoint les parents; elle donne une grande crédibilité; elle atteint d'un seul coup des milliers de personnes (on a atteint le demi-million de téléspectateurs dès les premières années); elle crée des héros.

Compte tenu de l'étroitesse du marché québécois, Les Débrouillards n'auraient sans doute pas survécu sans cette synergie. Le magazine en particulier a longtemps été fragile. Ça coûte cher à produire, un mensuel, et le magazine éducatif n'a jamais vraiment réussi à s'intégrer pleinement dans la culture québécoise. Dans les années 1990 par exemple, sept magazines éducatifs québécois ont disparu, dont les très connus *Vidéo-Presse, Hibou* et *Coulicou.*

- *Pédagogique* aussi, car les enfants n'aiment pas tous apprendre de la même manière. Beaucoup adorent les manipulations, les garçons en particulier, mais n'aiment pas la lecture. Alors ils vont acheter un livre d'expériences ou s'inscrire aux activités, mais ils ne liront pas le magazine ni les autres livres.

  Et même pour ceux qui participent à tous les volets des Débrouillards, chaque type d'activité ou de média permet à l'enfant de développer diverses aptitudes et talents. Ainsi, dans les activités d'animation, se développent l'esprit de groupe, la camaraderie et l'entraide. Avec le magazine, le jeune améliore ses habiletés de lecture; il établit aussi un lien privilégié avec des amis et des modèles (le prof Scientifix, les personnages des BD, etc.). La télévision, avec son contenu plus léger et ses histoires et fantaisies, touche ceux qui cherchent d'abord un bon divertissement.

  Cet éternel débat entre le ludique et le scientifique, le *fun* et le sérieux, a toujours été présent dans tous les volets des Débrouillards, mais c'est avec la télé qu'il s'est posé avec le plus d'acuité. Car la télé, média grand public par excellence, exige de l'action, de l'humour, des histoires, bref il faut captiver le téléspectateur. Même les explications scientifiques doivent être «punchées»!

L'avenir des Débrouillards

Tant qu'il y aura des enfants... il y aura des Débrouillards! Il y a lieu d'être très optimiste sur le futur des Débrouillards, car:

- les sciences sont de plus en plus importantes;

- les Débrouillards sont de plus en plus présents dans les écoles, par toutes leurs activités et aussi par le déjà fameux *Défi des classes débrouillardes,* une grande compétition scientifique et culturelle où les classes de 5e et 6e années rivalisent d'habileté et de débrouillardise pour mériter la coupe Scientifix et des prix de 22000$;
- les deux piliers du Mouvement, le magazine et le réseau CLS-CDLS, sont en meilleure position que jamais. Associé à l'éditeur Bayard, le magazine croît dans un terreau fertile, où il complète une chaîne de revues éducatives (*Popi-Pomme d'Api-J'Aime Lire-Les Débs*). Et depuis novembre 2001, Les Débrouillards a même son petit frère, *Les Explorateurs,* destiné aux 6-10 ans.

Quant au réseau CLS-CDLS, on y a développé une panoplie d'activités variées pour rejoindre les jeunes chez eux (Beppo à ta fête), à l'école (des animations volantes sur une trentaine de thèmes, pour aider les enseignants) et dans les centres de loisir et les services de garde.

Oui, tant qu'il y aura des enfants… et tant qu'il y aura des adultes qui voudront partager avec eux leur passion de la science, il y aura des Débrouillards!

Sociologue de formation, mais journaliste par passion depuis l'âge de 16 ans, **Félix Maltais** a dirigé l'Agence Science-Presse dès sa fondation, en 1978, jusqu'à 1995. C'est là qu'il a imaginé, avec le professeur Scientifix, le concept des Débrouillards. Auparavant, il avait travaillé en communications, principalement au programme éducatif Multi-Média et à la Fédération québécoise du loisir scientifique. Il a reçu le Prix des Communications du ministère des Communications du Québec en 1987.

L'émission *Découverte*

Pierre Sormany

Décembre 1988. Dans le bulletin de l'Association des communicateurs scientifiques, le journaliste Jean-Marc Carpentier déplore la disparition du magazine télévisé *Science-réalité.* Il dénonce, exemples à l'appui, «*la minceur du contenu scientifique des reportages diffusés jusqu'à présent à l'émission* Découverte». Il parle même d'un choix délibéré de la direction de Radio-Canada pour favoriser les sujets à caractère humain, sans égard à leur véritable intérêt sur le plan scientifique.

À ce détracteur, Gilles Provost, un des artisans de *Découverte*, réplique que *Science-réalité* explorait trop souvent les frontières de la science, au-delà des préoccupations de l'actualité. Que cette émission «avait tendance à isoler la science du reste du débat social» et donnait trop la parole aux experts «pour qu'ils expliquent les méandres de leurs spécialités ou les détails techniques de leurs inventions». Bref, que *Science-réalité* était trop loin du public et trop technique pour être logée à l'heure du souper et destinée à un public familial, alors que *Découverte* se veut une émission familiale, proche des préoccupations environnementales et sociales, centrée plus sur l'actualité que la technique.

Quinze ans plus tard, j'ose croire que *Découverte* a su tenir les promesses qu'avançait Gilles Provost tout en corrigeant les travers que Jean-Marc Carpentier avait décelés – avec raison – dans ses premiers épisodes. Le rappel de cette confrontation situe dans quel contexte *Découverte* a vu le jour. Mais remontons un peu plus tôt dans l'histoire…

L'héritière d'une longue tradition

Il y a toujours eu de la science à la télé de Radio-Canada. D'abord des émissions pédagogiques, issues de la série radiophonique *Radio-Collège* à laquelle participait Fernand Seguin, puis en 1954, une émission *La science en pantoufles* prend l'antenne. C'est là que le comédien Marc Favreau – avant qu'il ne soit connu sous les traits de Sol – donne la réplique à Fernand Seguin. C'est ensuite au tour de *La Joie de connaître* (1955-56), puis *Le Roman de la science* (1957-1960) où des comédiens d'ici ont joué à peu près tous les grands personnages de la science, de Newton à Freud, en passant par Darwin ou Nobel. Il s'agit de reconstitutions dramatiques écrites et présentées, encore là, par Fernand Seguin.

En 1962, le flambeau de la science passe au secteur des émissions Jeunesse, avec *Machins et machines,* puis *Atomes et Galaxies* de 1963 à 1971. D'abord animée en studio, sur fond de planètes suspendues, par le comédien Luc Durand – le comparse Gobelet du tandem bien connu –, la série a d'abord un caractère «culturel». Je pense à la série sur Léonard de Vinci, par exemple. L'arrivée de Raymond Charette à l'animation marque un tournant pour *Atomes et Galaxies.* Désormais, l'émission va sortir des murs de Radio-Canada pour produire des reportages sur les lieux mêmes où se construit l'avenir. Cette approche multiplie les rencontres avec les artisans de la science, tel Wernher Von Braun du programme spatial américain, qui dirige la construction de la fusée *Saturne V.* L'émission fait aussi, à l'occasion, des choix populaires, dont une longue série sur les soucoupes volantes.

En 1971, apparaît le premier magazine d'actualité, *La Flèche du temps.* Cette émission repose surtout sur des entretiens avec des scientifiques français, entrecoupés de commentaires d'adolescents sur la science. Secteur jeunesse oblige. Quand elle passe sous la responsabilité du Service de l'information, son orientation européenne est toutefois remise en question.

En 1975, on confie à la réalisatrice Thérèse Patry le soin de concocter une émission scientifique plus dynamique: ce sera *Science-Réalité!* Premier animateur: Joël Le Bigot. Fernand Seguin y est chroniqueur pendant près de trois ans et la journaliste Solange Gagnon, encore à *Découverte*, y fait ses premières armes. On retrouvera ensuite, autour de l'animateur Donald Dodier, des journalistes comme Jean-Marc Fleury – un pionnier de *Québec Science* –, Jacques Daragon – futur réalisateur de l'émission –, Yanick Villedieu – aujourd'hui animateur des *Années lumière,* à la radio –, Normand Cloutier et Alain Borgognon. Et même, Daniel Pinard, avant qu'il ne se fasse connaître pour ses talents culinaires. C'est aussi là que le réalisateur Karl Parent, qui a signé récemment le documentaire *Main basse sur les gènes,* amorcera ses premiers pas en science.

L'émission gardera l'antenne durant 13 ans. En changeant souvent de style. Et en changeant souvent de créneau horaire (vendredi soir, mercredi soir, de nouveau vendredi, puis le dimanche en début de soirée). Mais l'émission ne parviendra pas vraiment à «décoller» dans les cotes d'écoute. Elle rejoint, les meilleures saisons, environ 300000 spectateurs.

Au fil des années, *Science-réalité* se modernise dans son approche journalistique comme sa technique. Le passage du film à la vidéo, en 1987, offre notamment un traitement visuel plus diversifié. Il est nécessaire néanmoins de souligner cette rupture pour que les gens la remarquent! De ce constat est née l'émission *Découverte.*

Une émission «wow!»

À mon arrivée à la barre de l'émission au printemps 1988, j'entame des changements de trois ordres. Sur le plan de la forme, *Découverte* va renoncer aux présentations en studio pour opter pour des extérieurs ou des incrustations de l'animateur dans des décors de synthèse. Cette dernière idée ne fut pas très heureuse, et rapidement abandonnée, car la technologie n'était pas encore au point! Finies aussi les «manchettes» de l'actualité scientifique qui donnaient l'allure d'un bulletin de nouvelles à l'émission. L'infographie nous permet de donner à l'ouverture le dynamisme d'une bande annonce de cinéma, misant plutôt sur du visuel spectaculaire extrait des reportages. Les présentations et les reportages raccourcissent. L'émission, d'une durée de moins de 23 minutes, comptera souvent trois ou quatre sujets; les plus longs dépassant rarement huit minutes!

Sur le plan du contenu, *Découverte* doit s'adapter à son créneau du dimanche soir, 18 heures. Il faut s'adresser au public familial, et non plus aux gens qui s'intéressent déjà à la science. Miser sur des sujets «wow!», pour employer mon expression de l'époque. Des sujets fascinants, spectaculaires, plus «racoleurs» diront certains critiques de télévision: les robots, la guerre de l'espace, les volcans, la physique des incendies, la chirurgie cardiaque de pointe, les promesses de la génétique... le tout fortement appuyé par l'infographie. Des sujets en rapport direct avec l'actualité générale et non plus celle de la communauté scientifique. Et leur traitement intègre les impacts sociaux, économiques et humains. L'orientation principale sera d'être moins centrée sur les aspects techniques des innovations que sur leurs enjeux. «Expliquer les fonctions plutôt que les organes».

Le troisième changement répond à une contrainte économique. *Découverte* doit intégrer désormais des reportages produits à l'étranger, disponibles à bas prix sur le marché des acquisitions. Les premières recrues proviendront de *Discover*, une émission produite aux États-Unis par le magazine du même nom. Puis, l'émission accueille la magnifique série *«The Infinite Voyage»*, une production de douze heures et 20 millions de dollars américains. L'acquisition à bas prix – quelques milliers de dollars par épisode – se fera en échange d'une version française qui sera diffusée dans toutes les télévisions francophones du monde.

Découverte commence aussi à rediffuser, à l'occasion, ses meilleurs reportages des années précédentes. Cette approche, devenue banale aujourd'hui, ne s'était jamais faite jusqu'alors en information. Tout cela allait permettre d'augmenter les ressources disponibles pour la production maison.

Les années Maisonneuve

Premier défi: trouver l'animateur, le phare de cette émission renouvelée. Nous voulions un nouveau visage, alors nous avons opté pour un concours ouvert. Une trentaine de candidats sollicitent une audition. Le choix se porte sur une douzaine de candidats. Parmi les «écartés», Pierre Maisonneuve, un journaliste qui avait tenu

Alerte, sol contaminé, Prix du public 1er Festival Télé Science.
Photo: M. Gélinas, Radio-Canada

autrefois la barre des actualités quotidiennes de Radio-Canada. Ce n'était pas le «nouveau venu» auquel nous rêvions. *«La décision est injuste. Accordez-moi au moins la même chance qu'aux autres»*, plaide l'intéressé. Il sera le treizième à table... et remportera la palme pour la présentation la plus originale et la plus chaleureuse!

Pendant quatre ans, Pierre deviendra le «Monsieur sciences» de la télévision canadienne. Il prononce des conférences sur la vulgarisation, préside l'Association des communicateurs scientifiques ou encore associe son nom aux expo-sciences. Chaque semaine, il rédige, puis livre en ondes, une chronique de vulgarisation sur l'actualité scientifique, soutenue par de l'infographie. La réalisatrice à la mise en forme, Marièle Choquette, doit produire ce visuel à toute vapeur... lorsque tout est presque bouclé et que l'on connaît enfin la durée de tous les autres reportages de l'émission.

Au départ, la direction des communications de Radio-Canada n'appuie pas la nouvelle formule. L'émission devra se passer de l'appui promotionnel qui accompagne les nouveaux titres. Pourtant, dès la première saison – et malgré les critiques des mordus de science – ses cotes d'écoute progressent de plus de 40%, atteignant

370000 spectateurs. Deux ans plus tard, en 1990, Radio-Canada lui accorde un créneau de 45 minutes: les reportages rallongent et l'écoute grimpe à 398000 spectateurs.

Entre-temps, l'équipe s'est enrichie. Aux pionniers, que sont la réalisatrice coordonnatrice Thérèse Patry, les journalistes Gilles Provost et Solange Gagnon, les réalisateurs Pascal Gélinas, Francine Charron et Marièle Choquette, vont s'ajouter Jean-Pierre Rogel, venu de *Québec Science,* Claude D'Astous, de l'Agence Science-Presse, Mario Masson et les réalisatrices Jeannita Richard, Jackie Corkerey et Chantal Théorêt. Quand à moi, je quitte le navire cette année-là. Il est désormais bien lancé!

Quand Pierre Maisonneuve quitte à son tour l'émission, pour aller animer *Enjeux* en 1992, *Découverte* rejoint plus de 500000 télé-spectateurs par semaine. Mission accomplie!

Les années Tisseyre

Pour remplacer Pierre Maisonneuve, la chaîne publique opte pour Charles Tisseyre, ancien journaliste scientifique à la salle des nouvelles et animateur du téléjournal du week-end. Il s'impose rapidement dans ce nouveau rôle. Dès sa deuxième année à la barre

Charles Tisseyre, animateur de *Découverte* depuis 1992.
Photo: M. Gélinas, Radio-Canada

de *Découverte* en 1994, l'auditoire atteint un niveau record: 662000 téléspectateurs chaque semaine. C'est un chiffre mythique à mes yeux. Aux débuts de la télévision, quand Radio-Canada était la seule station accessible aux francophones, les émissions scientifiques de Fernand Seguin rejoignaient près de 600000 personnes. Jamais je n'aurais cru que *Découverte* puisse dépasser ce niveau. Et dans un environnement bien plus concurrentiel!

Cela ne durera pas. L'année suivante, le réseau TVA comprend que le dimanche soir offre un bon bassin de téléspectateurs et mise sur son émission vedette *JE* pour «déloger» *Découverte.* On arrache ainsi à Radio-Canada quelque 150000 téléspectateurs. Mais *JE* en perdra beaucoup, elle aussi. Cette année-là, *Découverte* va, à quelques occasions, frôler ou dépasser le million de téléspectateurs. La série documentaire britannique sur l'Antarctique attire une affluence extraordinaire, tout comme l'émission sur la réadaptation des amputés, où Lucien Bouchard accorde sa première entrevue, après la perte de sa jambe. Un million de téléspectateurs, pour un magazine scientifique, c'est du jamais vu!

Dès 1996, TVA se ravise et repositionne *JE* dans son ancien créneau du vendredi. Elle misera plutôt sur l'humour et de grands jeux populaires, tel *Fort Boyard,* pour faire concurrence à Charles Tisseyre. Il faudra quand même attendre la saison 1999-2000 pour que *Découverte,* retrouve son niveau record de 663000 téléspectateurs en première diffusion, auxquels il faut ajouter les 87000 personnes qui suivent la rediffusion, le mardi soir. L'émission affiche alors un format d'une heure. Et si l'écoute a un peu fléchi depuis, suivant le recul général de la télé, l'émission rejoint encore quelque 600000 téléspectateurs hebdomadaires.

La «recette» *Découverte*

Pourquoi ce succès? On pourrait d'abord parler de la pertinence du propos. La science est de plus en plus présente dans les grandes préoccupations collectives, comme l'environnement, la santé ou encore la technologie. Sans oublier les interrogations fondamentales sur notre place dans l'univers! On pourrait évoquer la rigueur des

Photos: M. Gélinas, Radio-Canada

reportages qui fait de l'émission une référence crédible et également mentionner la diffusion de documentaires parfois spectaculaires produits à l'étranger, dont les extraordinaires séries *Les mystères du corps humain*, *L'Été sauvage* et *La Planète bleue*.

Il faut également souligner l'utilisation massive de l'infographie qui donne à *Découverte* sa facture unique. Trois graphistes y travaillent – presque – à temps plein. L'efficacité de la vulgarisation télévisée repose avant tout sur la qualité de leur travail. Il faut souligner les remarquables capsules, diffusées pendant les Jeux d'hiver de Salt Lake City, portant sur les principes scientifiques à l'œuvre au sein des épreuves olympiques. *«Quand on vous écoute, on se sent intelligent. On sent qu'on est capable de tout comprendre»*, m'a souvent fait remarquer le journaliste et animateur Gilles Gougeon.

C'est le pari que nous avions fait au départ: «en offrant une émission intelligente, le public nous suivra». Notre écoute représente entre 20% et 22% de l'auditoire de notre créneau de diffusion. Même si nous n'atteignons pas le niveau des grandes comédies, c'est plus que ce qu'obtiennent la plupart des émissions scientifiques ailleurs dans le monde.

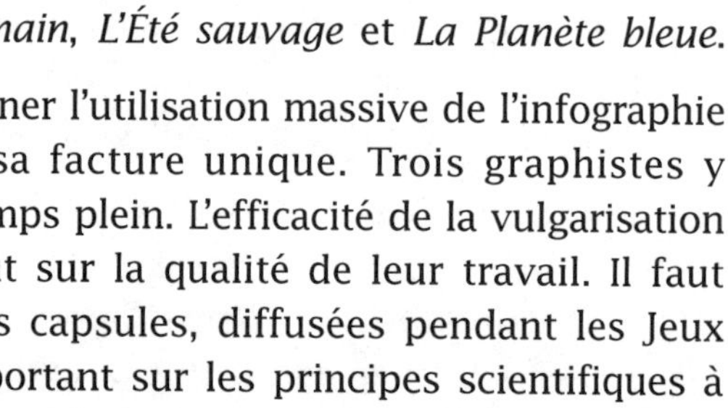
Photo: M. Gélinas, Radio-Canada

Au cœur de la recette *Découverte,* trônent deux institutions incontournables. Il y a d'abord la *Table de production.* Il s'agit d'une sorte d'assemblée générale disciplinée et souvent étourdissante. Chacun y présente les sujets qu'il explore, puis écoute les commentaires et questions de ses collègues. Les idées fusent. Il y règne une sorte d'anarchie créatrice. C'est dans ces premiers échanges que les démarches se raffinent, que les angles se précisent.

Puis, en cours de tournage et avant d'entrer en salle de montage, le rédacteur en chef et la réalisatrice coordonnatrice, Hélène Leroux, passent au crible tous les scénarios. Hélène Leroux a rejoint l'équipe en 1992 et en assume la coordination depuis 1998. Loin de la censure, il s'agit d'un premier regard externe qui s'assure que le «message» de chaque reportage passe la rampe, que les idées sont bien expliquées, la vulgarisation claire... et l'écriture irréprochable. Une sorte d'«assurance rigueur» peu commune en télévision. Cette discipline, parfois lourde, semble payante car *Découverte* jouit d'une grande crédibilité auprès des scientifiques d'ici. Elle est récompensée par de nombreux prix et mentions remportés au Canada comme à l'étranger.

Photo: M. Gélinas, Radio-Canada

Entre ces deux étapes, il y a bien sûr le travail au quotidien. *«La salle des journalistes de* Découverte, *c'est un aquarium où les discussions intellectuelles voisinent les familiarités les plus drôles. Disons que la susceptibilité n'y a aucune place!»*, constate Sylvain Bascaron, notre plus récent stagiaire et récipiendaire de la bourse Fernand-Seguin.

Une expertise unique

Quinze ans de *Découverte,* c'est près de 380 émissions en format magazine. Quelque 1400 sujets différents ont été traités: des choses simples, comme la couverture annuelle des expo-sciences, aux thèmes les plus complexes comme la cryptographie quantique! C'est aussi une trentaine d'émissions thématiques produites par nos équipes et plus de 170 documentaires offerts en adaptation.

Au fil des saisons, la liste d'artisans – animateur, journalistes, réalisateurs, assistants à la réalisation, designers, monteurs – s'est allongée, suivant ainsi l'augmentation de la durée de l'émission. La «famille» compte désormais environ 28 personnes. C'est devenu la plus grosse concentration de journalistes scientifiques francophones en Amérique du Nord, comme on se plaît parfois à le souligner. «Et au nombre que nous sommes autour de la table, il y a peu de sujets qui nous échappent», souligne le journaliste Mario Masson.

Photo: M. Gélinas, Radio-Canada

Cette concentration d'expertise permet à l'émission d'aborder des dossiers d'actualité sous un angle technique ou scientifique de manière approfondie. Ainsi, *Découverte* a traité le premier dossier de fond sur le projet Génome humain en mars 1990. Il faut aussi se rappeler du bilan du projet de la Baie James ou encore de l'émission spéciale sur les problèmes structurels du Stade olympique. Elle compte aussi à son actif le premier reportage sur la maladie de la vache folle (mars 1994), un dossier sur l'autoroute électronique, un reportage sur la bactérie mangeuse de chair, un dossier choc sur l'amiante, celui sur les OGM, en mars 2000...

Nous ne sommes pas nécessairement arrivés les premiers, pourtant notre public sait que quand *Découverte* revient sur une question d'actualité: c'est pour remettre les pendules à l'heure!

Une histoire de verglas

Janvier 1998: le Québec croule sous le verglas. La programmation régulière de toutes les chaînes de télévision s'en trouve bousculée. En réunion, les artisans de *Découverte* se demandent si cela vaut la peine de préparer une émission spéciale là-dessus. Elle sera forcément diffusée après tout le monde, quand les gens «en auront soupé» de voir des pylônes effondrés. Nous faisons cependant le pari que ce que nous y présenterons sera différent. Cet épisode a, pour moi, une signification toute particulière. C'est en effet en pleine crise du verglas que j'ai repris la direction du magazine, dix ans après sa création.

Six équipes se mettent en branle, avec frénésie, dans le tumulte des heures de crise. L'émission prévue ne sera, en fin de compte, jamais présentée mais les trois principaux reportages fourniront l'armature d'une spéciale «État de choc» que Radio-Canada met en ondes le dimanche 25 janvier. Jamais, nous a-t-on dit, la mécanique climatique du verglas et les problèmes techniques du réseau d'Hydro-Québec n'auront été si limpides. Cette année-là, *Découverte* va remporter ses trois premiers Prix Gémeaux, au gala annuel de la télévision canadienne.

La seconde émission marquant la place de l'émission en information portera sur les événements du 11 septembre 2001. Après l'attaque aérienne contre le World Trade Center de New York, et une fois encore, malgré l'omniprésence de l'événement au petit écran, les artisans de *Découverte* font le pari que *Découverte* peut aller plus loin. Le reportage d'Yves Lévesque et de Gilles Provost sur l'effondrement des tours jumelles, présenté le 4 novembre suivant, expliquera les raisons structurelles de cette catastrophe en fournissant des explications inédites... confirmées quelques mois plus tard, lors de la publication du rapport de la Commission d'enquête américaine. Nous avions vu juste, et avant tout le monde!

L'avenir

Les années sombres de compression budgétaire à Radio-Canada ont apporté leur lot d'inquiétudes. Certains artisans ont craint pour la survie de *Découverte*. L'émission coûte relativement cher. Moins que *Zone libre*, et guère plus qu'*Enjeux*, mais ses coûts demeurent plus élevés que les standards de la télévision privée. Et, l'acquisition de documents produits à l'étranger serait tellement moins onéreuse!

Depuis quelques années pourtant, *Découverte* est devenue, pour la Société Radio-Canada, une sorte d'émission phare permettant d'illustrer ce que la télévision publique peut offrir. Cette émission offre aussi un site Internet riche en contenu, consulté par plus de 5000 visiteurs par semaine. Dans le «baromètre de la télévision», l'outil utilisé pour mesurer l'appréciation des émissions par rapport à l'ensemble de l'offre télévisuelle francophone, *Découverte* est l'une de celles qui contribuent le plus à la notoriété de la chaîne publique. Une véritable *Carte de visite!*

Diplômé en physique à l'Université Laval, journaliste depuis près de 35 ans (au *Soleil* de Québec, au *Jour*, dans de nombreux magazines et à la télévision), ex-directeur et rédacteur en chef de la *Revue Commerce*, **Pierre Sormany** est présentement rédacteur en chef aux émissions d'affaires publiques de la télé de Radio-Canada. Il s'occupe notamment de *Découverte* (Science, technologie et santé), *La Semaine verte* (agriculture, environnement, foresterie, pêcheries), de *L'Épicerie* (alimentation) et du *Coin Jardin* (horticulture).

Outre ses travaux journalistiques, il a travaillé comme consultant dans le domaine de la muséologie scientifique et mené plusieurs études de prospective (sur les biotechnologies, sur l'éthique biomédicale, sur les énergies nouvelles, sur l'informatisation de la société). Il enseigne le journalisme à l'Université de Montréal depuis 1979. Il est l'auteur du premier manuel de base en journalisme au Québec, *Le métier de journaliste* (Boréal, 2e édition, janvier 2000).

Le livre de culture scientifique

Plus loin, plus profond et plus durable

Jean-Marc Gagnon

S'il fait jour, vous n'avez besoin de rien d'autre.
S'il fait nuit, un seul rai de lumière suffit,
qu'il provienne d'une chandelle, d'une ampoule halogène
ou d'une lampe de poche.
Vous pouvez être dans un avion, en bateau, en auto,
chez vous, chez le dentiste, bref, n'importe où
et l'utiliser quand même!
Où que vous alliez, vous pouvez l'apporter avec vous.
Pour le simple plaisir ou pour satisfaire une curiosité boulimique.
Ce peut être une nouveauté ou dater de plusieurs années,
voire de plusieurs siècles.
Qu'est-ce donc?
Un livre!

L'aventure que je voudrais partager avec vous est certes peuplée d'essais et d'erreurs, mais témoigne de ma conviction profonde et durable que les gens peuvent s'intéresser, voire se passionner, pour les sujets et les contenus scientifiques tout autant que pour le hockey ou le magasinage. Pour peu qu'on se donne la peine de bien les leur communiquer. La synchronisation avec l'actualité est aussi un élément clé: il faut savoir parler des sujets scientifiques au moment où ils intéressent les gens, ce qui n'est pas toujours évident quand il faut aborder des questions fondamentales ou des disciplines moins populaires et moins facilement «vulgarisables», les mathématiques, par exemple.

Publier est une passion qui remonte à mes 13 ans, au moment où des «grands» du collège classique que je fréquentais pour la troisième année (c'était d'ailleurs la troisième année d'existence du collège lui-même, le Collège de Jonquière) ont mis sur pied un journal étudiant, *Le cran.* J'y ai tout de suite collaboré et j'en suis même devenu directeur à la fin de mes études. À l'Université Laval où je m'étais inscrit en science politique (question de rester généraliste), j'ai passé tous mes dimanches et mardis à préparer les différents numéros du journal des étudiants, *Le carabin.* Son directeur était un certain Félix Maltais... lequel allait devenir le concepteur et l'animateur des Débrouillards. On le soupçonne même d'avoir été le professeur Scientifix... mais n'anticipons pas!

Québec Science Éditeur

Premier emploi en septembre 1969. On m'embauche à un poste de «demi-journaliste», c'est-à-dire d'agent d'information à la nouvelle Université du Québec. Cet établissement se voulait démocratique et populaire. Ma première réalisation, à laquelle participe un certain Yanick Villedieu, un jeune et grouillant néo-Québécois – frais émoulu de l'École supérieure de journalisme de Lille – s'inscrit dans mes nouvelles fonctions: le journal *Réseau.* Celui-ci deviendra par la suite le magazine institutionnel que l'on connaît.

Puis, en 1971, je deviens secrétaire de rédaction chez *Québec Science.* Je remplace alors un autre jeune et grouillant néo-Québécois, également frais émoulu de l'École supérieure de journalisme de Lille: Michel Gauquelin. Un an après, je succède à Jocelyne Dugas comme directeur et rédacteur en chef de la revue.

En compagnie d'un groupe de jeunes collaborateurs de l'époque – Jean-Marc Fleury, alors chroniqueur scientifique au quotidien *Le Soleil,* Gilles Provost, chroniqueur scientifique au *Devoir,* Pierre Sormany qui allait prendre la relève de Jean-Marc Fleury au *Soleil* avant d'aboutir à Radio-Canada après d'autres détours! –, je pars en stage en France. Organisé avec l'aide de l'Office franco-québécois pour la jeunesse, ce stage va nous permettre de nous familiariser avec les médias scientifiques français et de visiter la plupart des centres de recherche de pointe. Notre intention était alors de recruter une équipe de rédaction pour *Québec Science.* En effet, nous cherchions à transformer la revue de vulgarisation – dont les textes étaient alors rédigés par des scientifiques – en un véritable magazine axé sur l'actualité scientifique. Un magazine dont la quasi-totalité des articles seraient signés par des journalistes scientifiques. Cette aventure est racontée dans le chapitre sur *Québec Science* par le rédacteur en chef actuel, Raymond Lemieux.

Mais un article de magazine – ou même un dossier de sept ou huit pages – reste forcément sommaire. Pour peu qu'ils soient curieux, auteurs et lecteurs restent sur leur faim. Aussi, dès 1975 naît le projet d'offrir aux lecteurs de *Québec Science* et au public en général des dossiers plus étoffés sous forme de livres.

Le Québec connaît alors une époque de bouillonnement créatif du côté de l'édition. La plupart des maisons d'édition québécoises font leurs premiers pas dans la foulée de la fameuse «Révolution tranquille». Une période au cours de laquelle les Québécois de langue française envahissent la majorité des secteurs de la société. Cependant, bien peu d'éditeurs osent s'aventurer dans des livres à teneur scientifique pour le grand public... «Il n'y a pas assez de lecteurs», affirmait-on. Avec son réseau croissant d'abonnés et de lecteurs, *Québec Science* avait toutes les chances de percer ce marché ou de couvrir au moins les frais de publication de tels livres, pensions-nous. C'est ainsi que Québec Science Éditeur a vu le jour.

Le tout premier livre, *Demain la santé*[1] rédigé par Yanick Villedieu, paraît en novembre 1977 et connaît un fort succès avec plus de 35000 exemplaires[2] vendus! C'était un livre pionnier, courageux et très documenté. Écrit de main de maître, il a beaucoup dérangé l'*establishment* médical de l'époque.

1. Vingt-cinq ans plus tard, Yanick Villedieu refait le point sur l'état de santé des Québécois. S'il n'a pu conclure à un parfait succès en titrant *Aujourd'hui la santé,* il ne perd pas espoir puisque son ouvrage s'intitule *Un jour la santé!*

2. Contrairement aux périodiques pour la diffusion desquels il existe plusieurs organismes de contrôle, le tirage – et surtout les ventes – des livres ne fait l'objet d'aucune vérification officielle. Il faut donc s'en tenir aux déclarations des éditeurs. De plus, les ventes de livres sont sujettes à de nombreux aléas, comme les retours de libraires... En ce qui concerne les ventes des livres de Québec Science Éditeur, les chiffres que je donne sont approximatifs.

Car ce premier bilan de santé collective des Québécois avait un parti pris résolu: celui de la prévention plutôt que le traitement.

La jeune série *Les dossiers de Québec Science* se poursuit avec *Des souris et des hommes* de Louis Brunel, un livre qui prédisait, en 1978 (!), le travail en ligne et la généralisation de ce que nous appelons aujourd'hui «les nouvelles technologies». Paraît ensuite *Face au nucléaire* dans lequel onze des principaux collaborateurs de *Québec Science* débattent de tous les aspects du nucléaire: Jean-Marc Carpentier, Louis de Bellefeuille, André Delisle, Fabien Gruhier, etc. Un livre n'attend pas l'autre: *À la remorque des transports* par Daniel Latouche, *Les traces du passé* par François Picard, *École + science = échec*, par Jacques Désautels – un bilan de l'enseignement des sciences au secondaire –, *Un paradis de la pollution,* par Jean-Pierre Rogel – la lutte à la pollution au Québec – ou encore *Psychothérapies, attention!* une œuvre collective (Joanne Arseneau, Camil Bouchard, Michèle Bourgon, etc.) qui fait le point sur les psychothérapies à la mode au début des années 1980.

Des guides et des best-sellers

À mesure que le temps passe, nous prenons de l'assurance en publiant des guides d'initiation aux sciences naturelles, la série *Québec Science nature.* Cette collection, placée sous la direction d'Estelle Lacoursière et illustrée par Pierre Leduc, débute par *L'arbrier québécois, L'herbier québécois* et *L'herbier médicinal* (avec Daniel Fortin). Ces guides novateurs se vendent encore aujourd'hui.

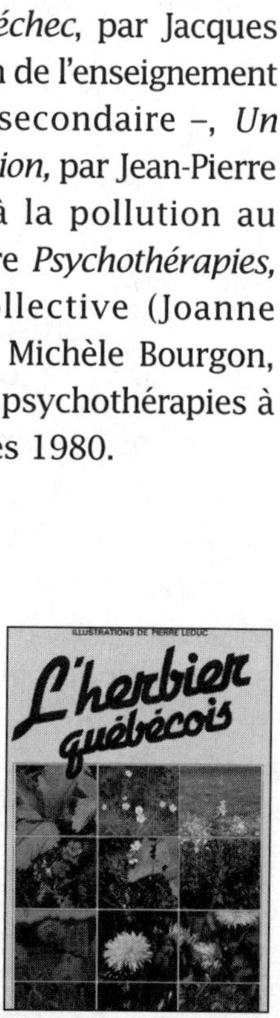

L'affiche *L'étang, un milieu de vie* marque l'arrivée de nouveaux outils d'enseignement. De son côté, l'ouvrage *Comment nourrir les oiseaux autour de chez soi* de Normand David et Gaétan Duquette anticipe la grande popularité de l'ornithologie d'amateurs qu'on connaît aujourd'hui.

En 1979 se produit l'événement qui active définitivement ma fibre d'éditeur de livres. Au cours de l'été, Pascal Assathiany[3], directeur des Éditions du Seuil au Canada, me fait parvenir le manuscrit d'un scientifique québécois et chercheur au CNRS en France, «un certain Hubert Reeves». Il me demande de lui répondre «d'ici une dizaine de jours». J'ai lu le manuscrit dans les trois heures qui ont suivi sa réception. Il s'agissait de *Patience dans l'azur.*

Je trouvais ce manuscrit extraordinaire et je n'en croyais pas mes yeux. J'ai tout de suite appelé Pascal Assathiany pour lui communiquer mon enthousiasme. Il m'a répondu qu'il partageait mon opinion mais qu'au Seuil à Paris, on prévoyait un tirage de 3000 exemplaires… J'ai alors avancé: «Je vais en faire imprimer 9000 ici, en mettre 6000 sur le marché québécois et en envoyer 3000 au Seuil!».

Motivé par mon empressement, Pascal réussit à convaincre les responsables des Éditions du Seuil que le livre se vendrait mieux au Québec publié en coédition avec *Québec Science* que sous son seul nom. Finalement, Le Seuil a imprimé 12000 exemplaires en France et nous, 6000 au Québec. Au bout du compte, les ventes ont dépassé les 45000 exemplaires au Québec et… plus de 750000 en France, avec l'édition spéciale de France-Loisirs.

3. Pascal Assathiany est aussi le fondateur de Diffusion Dimedia, l'une des plus grosses maisons de distribution de livres au Québec. Dans les années 1990, il est aussi devenu PDG des Éditions du Boréal.

En mai 1980, Fernand Seguin nous fait l'honneur de publier *Le sel de la science* chez Québec Science Éditeur. Ce recueil reproduit des entrevues réalisées par Fernand Seguin avec des grands de la science contemporaine: Joël de Rosnay, Albert Jacquart, Michel Serres, Jacques Attali, Henri Laborit, Rémy Chauvin et Erwin Chargaff.

Une autre collection est née du partenariat avec la défunte Fédération québécoise du loisir scientifique. Dirigée par Félix Maltais, la collection *Faire* se consacre à promouvoir les loisirs scientifiques: *À la recherche de nos ancêtres* par Daniel Langlois, *Devenez astronome amateur* par Jean Vallières ou encore *Observer les oiseaux au Québec* par Normand David et Michel Gosselin.

Petit débrouillard deviendra grand

Cette implication dans le monde des livres a sans doute donné à Félix Maltais l'idée des *Petits débrouillards.* Une idée somptueuse à laquelle je fus d'abord réticent: il y avait déjà sur le marché de nombreux livres d'expériences scientifiques pour les jeunes. Aucun n'avait atteint une popularité appréciable. Mais la recette qu'avait concoctée Félix Maltais en 1980 était une «formule gagnante». Les Petits débrouillards ont connu un succès foudroyant.

Sans prétention didactique, les expériences proposées par le professeur Scientifix (mystérieux scientifique que personne n'a jamais vu et ne verra jamais!) s'animent sous les doigts de personnages auxquels les enfants[4] peuvent s'identifier. Pourtant, le facteur déterminant du succès et de la «durabilité» des *Petits débrouillards* réside dans l'engagement du Conseil de développement du loisir scientifique (CDLS)[5] puisque les jeunes de toutes les régions du Québec peuvent alors les mettre en pratique sous la supervision de dizaines d'adjoints au professeur Scientifix au sein des divers conseils régionaux (CLS).

---

4. Des personnages et des illustrations admirablement dessinés par Jacques Goldstyn que Félix Maltais a convaincu d'abandonner sa carrière de géologue dans l'Ouest canadien pour venir dessiner à temps plein à Montréal... Un courage qui aurait pu passer pour de la témérité!

5. Sous la direction de Michel Bois, le Conseil des jeunes scientifiques (CJS), fondé en 1968, est devenu, en 1981, le Conseil du loisir scientifique tel qu'on le connaît aujourd'hui. Il a changé de nom peu après pour le Conseil de développement du loisir scientifique (CDLS).

Le premier album paru en février 1981 était tout simplement intitulé *Le petit débrouillard.* Sa présentation avait fait l'objet de beaucoup de minutie et d'attention[6] de la part de l'illustrateur Goldstyn et du concepteur graphiste Richard Hodgson. Le livre arborait une superbe reliure rigide et des pages intérieures illustrées en deux couleurs. Nous en avions fait imprimer 2500 exemplaires. C'était de la témérité[7] car le seuil de rentabilité de l'ouvrage était de 5000 exemplaires!

Heureusement, il a fallu retourner sous presse l'été suivant, puis en décembre, un total de... 7500 exemplaires a donc été imprimé au cours de la seule année 1981! Le seuil de rentabilité a donc été dépassé. Ouf! On estime que près de 85000 exemplaires[8] de ce premier album ont été écoulés depuis lors. À la suite de ce succès, les *Petits débrouillards* sont devenus une collection d'albums d'expériences scientifiques pour les jeunes. Pour ma part, j'ai publié *Les voyages fantastiques de Globulo, Jardinez avec le professeur Scientifix* et *66 nouvelles expériences pour les petits débrouillards.*

Dès 1982, Félix Maltais a lancé un petit bulletin destiné à appuyer le travail des adjoints du professeur Scientifix. Judicieusement nommé *Je-me-petit-débrouille,* le bulletin est vite devenu le magazine

---

6. Je me souviens d'en avoir montré amoureusement et secrètement toutes les étapes de fabrication à tous ceux et celles qui me rendaient visite à l'époque!

7. Je me souviens aussi d'avoir reçu un blâme du conseil d'administration pour cette témérité... qui risquait de compromettre l'équilibre financier de *Québec Science* et des Presses de l'Université du Québec, compagnie à but non lucratif à laquelle *Québec Science* avait été fusionné en 1978. Inutile de préciser que je ne regrette rien!

8. Voir la note 2.

Les Débrouillards que nous connaissons aujourd'hui et des expériences figurent toujours au sein d'*Hebdo-Science,* le bulletin de l'Agence Science-Presse.

Au Québec, on ne compte plus les Clubs des Débrouillards qui sont toujours animés par le CDLS et les CLS. La France et la Belgique ont toujours les Petits débrouillards tandis qu'au Québec, ils ont grandi, devenant les Débrouillards tout courts au cours des années 1990! Le mouvement a essaimé puisque la Fédération internationale des petits débrouillards regroupe des clubs dans 12 pays: Algérie, Allemagne, Belgique, Canada, France, Maroc, Mexique, Namibie, République tchèque, République slovaque et Russie.

Certains albums ont été traduits dans plusieurs langues. À la fin des années 1980, des cahiers d'activités et des bandes dessinées viennent compléter les albums d'expériences. Les Éditions Héritage ont pris la relève des Presses de l'Université du Québec et les Éditions Albin-Michel assument la responsabilité de la publication des Petits débrouillards pour l'Europe. Cette maison d'édition a produit, entre autres, des *kits* d'expérience tandis qu'au Québec, Bayard Presse s'associe en 1994 à la revue *Les Débrouillards.*

En 1983, la collection *Perspectives 2001* voit le jour chez Québec Science Éditeur. Cette série ne comptera que deux titres: *Les animaux malades de l'homme* par Claude Villeneuve et *Pour prendre le temps d'être mieux* par Jean-Claude Jay-Rayon. Après mon départ, les nouveautés de Québec Science Éditeur se raréfieront pour cesser complètement en 1985, les Presses de l'Université du Québec ayant rayé le volet «grande diffusion» de leur politique de publication pour se concentrer sur l'édition didactique et savante.

La *biblio-diversité* et les Éditions MultiMondes

Depuis la fin des années 1980, la plupart des maisons d'édition québécoises ont tâté, avec plus ou moins de bonheur, de l'édition de culture scientifique. Qu'il s'agisse de Broquet en ornithologie, de Michel Quintin en vulgarisation (faune, ornithologie, culture générale), de Boréal en histoire des sciences, etc., l'offre de livres de culture scientifique s'avère bien plus abondante qu'au cours des années 1970.

Cette tendance se poursuit, la culture scientifique devenant partie intégrante de la culture générale. Pour ma part, je me suis associé au cours de ces années à la création de périodiques de vulgarisation comme *Interface, médecine/sciences* ou *Écodécision,* à la rédaction de *Québec Science* (de 1986 à 1988) et à l'édition de périodiques universitaires.

En 1988, Lise Morin et moi décidons de mettre sur pied une maison d'édition de livres qui se consacrerait principalement à la vulgarisation, surtout en science et technologie. D'abord appelée InterMondes pour souligner notre souci de vulgarisation, la jeune compagnie devient MultiMondes, l'année suivante, pour des raisons légales. Elle vise à mettre à la portée du plus grand nombre des connaissances porteuses d'avenir et cherche à publier le plus d'ouvrages de vulgarisation possible. Quinze ans plus tard, plus de la moitié des quelque 125 titres au catalogue peuvent être classés dans les domaines de la science et de la technologie ou de l'environnement.

MultiMondes se propulse en quelque sorte par une double hélice qui lui permet de survivre et de se développer de façon autonome et indépendante. La production d'imprimés (depuis 1983) et de services Internet (depuis 1995) par les Communications Science-Impact – autre compagnie fondée avec Lise Morin – fournit aux Éditions MultiMondes l'infrastructure et le financement de la quinzaine de livres publiés chaque année sous cette étiquette. La logistique se compose d'une dizaine d'employés, d'un réseau de collaborateurs qualifiés, de locaux fonctionnels, d'équipements spécialisés avec tous les logiciels requis.

En fait, cette double hélice permet de réaliser plus d'une centaine de publications par année. Cette approche a permis aux Éditions MultiMondes de préserver les interactions auteur/éditeur dans la

réalisation des ouvrages puisqu'elle n'a pas à publier un nombre prédéterminé de livres pour répondre à des exigences de chiffre d'affaires. Il ne s'agit pas, bien sûr, de renoncer à la rentabilité[9] – une réalité indispensable à la survie, à la longévité et à la croissance – mais plutôt de permettre à chaque projet d'atteindre son optimum.

Ce côté «artisan passionné» se complète heureusement d'une mise en marché dynamique et professionnelle de chaque nouveauté par Diffusion Dimedia. Ainsi, dès leur parution, les livres des Éditions Multi-Mondes se déploient dans toutes les librairies francophones du Canada. Depuis l'an 2000, ils sont également distribués en France, en Belgique et en Suisse.

Même si aucun des titres de culture scientifique publiés par les Éditions MultiMondes n'a atteint la notoriété et le rayonnement des albums des *Petits débrouillards* ou de *Patience dans l'azur,* plusieurs connaissent une carrière intéressante, tels *La science du quotidien, Vivre les changements climatiques* ou *Au-delà des apparences.* C'est le cas également pour les ouvrages de Marcel Thouin: *Problèmes de*

9. Les lecteurs intéressés par la dimension économique de l'édition de livres au Québec trouveront réponse à toutes leurs questions dans l'excellent ouvrage de Marc Ménard, *Les chiffres des mots. Portrait économique du livre au Québec,* Société de développement des entreprises culturelles du Québec (SODEQ), Montréal, 2001, 250 pages. ISBN 2-550-37187-9.

sciences et de technologie et *Notions de culture scientifique et technologique.* Premiers livres à utiliser de façon concrète et tangible la nouvelle approche pédagogique dans l'enseignement des sciences appelée «situations-problèmes», ils sont en train de conquérir les pays francophones.

Actuellement, l'offre de livres s'avère de qualité et abondante: plus de 120000 titres sont commercialisés par année au Québec dont environ 20000 québécois[10]. Mais les œuvres de fiction dominent largement. Dans ce contexte concurrentiel féroce, il vaut mieux caresser des prévisions de ventes modestes[11] et des seuils de rentabilité très bas si l'on veut survivre et continuer à publier...

Demain, l'avenir

Comme Fernand Seguin se plaisait à le répéter, la réalité dépasse largement la fiction. On pourrait préciser que la réalité «invisible», celle que la science révèle chaque jour davantage, dépasse la réalité visible au-delà de tout entendement. C'est cette réalité invisible que rapportent au public les communicateurs scientifiques, en recourant à l'ensemble des médias présents et à venir. À ce jour, le livre scientifique permet le mieux d'approfondir et d'expliquer un sujet ou un phénomène même si sa durée de vie s'avère limitée compte tenu de la cadence à laquelle les connaissances se renouvellent.

À la fin des années 1990, à l'époque de l'engouement débridé pour Internet, pour les nouvelles technologies de la communication et pour le *e-book,* plusieurs ne donnaient pas cher de l'avenir du livre. Encore une fois, le mythe[12] selon lequel «l'apparition d'un nouveau média en chasse un autre» a la peau dure. Et cela bien qu'historiquement, l'apparition d'un nouveau média enrichit l'offre et diversifie les supports de communication.

---

10. Ménard, Marc, *op. cit.*, p. 171.

11. Il faudra compter encore longtemps sur les contraintes du marché francophone québécois. La dernière tentative d'un éditeur québécois pour populariser davantage une collection de culture scientifique est celle des Éditions Pierre-Tisseyre, avec la collection Découverte, dont Charles Tisseyre a rendu compte avec une transparence remarquable dans l'édition du printemps 2002 du bulletin *L'Omniscient.*

12. À cet effet, le livre de Pascal Lapointe, *Utopie.net. La réalité Internet après le rêve,* Éditions MultiMondes, 2002 est particulièrement éclairant.

En fait, ce qu'on appelle «livre» réfère davantage à un contenu élaboré qu'à un support papier. À l'instar du télécopieur dont l'invention remonte au début du XXe siècle mais qui ne s'est popularisé que dans les années 1980, le *e-book* va peut-être revenir dans une édition revue et améliorée. Une forme qui devrait, entre autres, permettre le respect des droits d'auteur et de reproduction. Il s'imposera peut-être alors comme le support le plus répandu pour le livre. Qui sait? Qui peut prédire quoique ce soit depuis l'arrivée d'Internet que personne n'avait vu venir?

Une chose est certaine: transporter à travers la planète des tonnes de livres imprimés sur du papier n'est pas une pratique «durable» d'un point de vue énergétique et écologique. Dans tous les pays développés, la capacité de téléchargement rapide de livres entiers est à la portée de tous. Il suffirait sans doute qu'on ait aussi la capacité d'imprimer et de relier localement et à bon marché ces fichiers/livres pour que l'édition vive un changement de paradigme. Elle exploserait littéralement, sur une planète qui compte plus de 6 milliards d'êtres humains à instruire. Une planète qui a bien besoin du partage des connaissances fondamentales et des synthèses éclairantes qu'apportent les livres de culture scientifique.

En fait, il y a de plus en plus d'auteurs intéressés et capables de produire des ouvrages de vulgarisation scientifique. Et il y a aussi, toutes proportions gardées, de plus en plus de lecteurs pour ces ouvrages de la génération «papier». Plus que jamais, la culture scientifique intéresse[13]. Pour citer un autre Québécois trop tôt disparu, le poète Gaston Miron: «Ce sont les sujets scientifiques qui vont permettre à la littérature de se renouveler».

Alors, nous comptons bien accentuer la cadence de nos publications en ce domaine et les diffuser dans l'ensemble de la francophonie. Plus que jamais également, nous sommes convaincus que le succès réside dans la passion et la longévité!

13. Voir les deux récents rapports du Conseil de la science et de la technologie: *La culture scientifique et technique au Québec. Bilan et Enquête sur la culture scientifique et technique des Québécoises et des Québécois.*

Jean-Marc Gagnon est président des Communications Science-Impact et des Éditions MultiMondes. Il a dirigé le magazine *Québec Science* de 1974 à 1983 et les Presses de l'Université du Québec de 1979 à 1983. Il a été associé à de nombreuses initiatives en matière de communication scientifique dont la fondation de l'Association des communicateurs scientifiques du Québec et la création de l'Agence Science-Presse. Il est également président de Québec Édition et membre des conseils d'administration de la Société de développement des entreprises culturelles (SODEC), de la Société pour la promotion de la science et de la technologie (SPST) et de l'Association nationale des éditeurs de livres (ANEL).

Science et Internet: bienvenue sur une nouvelle planète

Pascal Lapointe

Lorsque Internet a commencé à déferler dans nos vies, en 1993, les observateurs du monde des médias ont tout de suite flairé un danger: dans ce nouvel univers où une quantité titanesque d'informations deviendrait accessible, il serait bientôt impossible de convaincre Jean et Jeannette de payer pour accéder à leur média préféré. Parce que Jean et Jeannette finiraient toujours par trouver quelque part un autre média qui, lui, serait gratuit.

Ces inquiets avaient raison. Aujourd'hui, tous les grands médias de la planète, du *New York Times* au *South China Morning Post,* sont à portée d'un clic de souris. On peut écouter les nouvelles de CNN sans payer l'abonnement au câble, on peut lire *Scientific American* sans acheter d'exemplaire, on peut télécharger des articles de partout dans le monde et sur tous les sujets possibles et imaginables sans avoir à débourser un seul sou.

Il y a certes des médias qui font exception. Peu connus du grand public parce qu'ils sont dans notre domaine, la science: les revues de chercheurs comme *Science, Nature* et le *New England Journal of Medicine* sont payantes. Quand bien même vous ne voulez en lire qu'un seul article, il faut payer. Et ça marche: leurs abonnements n'ont pas fléchi et leurs lecteurs ne vont pas voir ailleurs.

Mais ces exceptions, de par leur nature même, révèlent pourquoi elles sont, justement, des exceptions: ce sont des revues dont leurs lecteurs ne peuvent pas se passer. Quiconque veut se tenir à jour sur la recherche de pointe en médecine n'a d'autre choix que de s'abonner au *New England Journal of Medicine.* Il n'y a pas deux

New England Journal of Medicine. En revanche, il y a des douzaines de sites Web d'information sur le sport, le cinéma, la cuisine... ou la science.

Et même ces exceptions ne le resteront peut-être pas longtemps: depuis deux ans, un mouvement américain appelé *Public Library of Science* appelle les chercheurs à boycotter les revues qui ne rendront pas leurs articles gratuits sur Internet, trois ou six mois après leur publication. Peut-être ce mouvement réussira-t-il (ce qui serait une bénédiction pour les milliers de bibliothèques, dans les pays du Sud, qui n'ont pas les moyens de payer ces abonnements). Et s'il réussit, alors Internet sera vraiment devenu, pour la science du moins, l'univers du tout-gratuit!

L'ingratitude du client

Le problème pour un média, tout comme pour un musée, c'est que les lecteurs – ou les visiteurs – sont très ingrats: ils peuvent adorer le contenu de *Sciences & Avenir* ou de *Scientific American...* mais s'ils trouvent ailleurs un autre magazine qui est gratuit, ils s'en contenteront. Tous ceux qui, il n'y a pas si longtemps, achetaient leurs revues à l'unité dans les kiosques à journaux en se fiant sur la page couverture, tous ceux qui ne lisent que deux ou trois articles par mois, toutes catégories confondues – de *Châtelaine* à *Québec Science* –, tous ceux-là cesseront tôt ou tard d'acheter en kiosque et se tourneront vers Internet: leur «ratio» de deux ou trois articles par mois sera amplement comblé.

Une étude du Conseil de la science et de la technologie du Québec, publiée à l'automne 2002, contient parmi ses nombreux tableaux statistiques une des premières confirmations de cette évolution: lorsqu'on demande aux gens quel média ils utilisent pour leur information scientifique, on note tout d'abord sans surprise que la télé demeure le média privilégié, mais on note surtout un recul régulier des magazines depuis 1985, recul qui ira en s'accentuant avec Internet.

Ceux qui lisent ou feuillettent leur revue ou leur journal d'une couverture à l'autre ne sont pas concernés: pour eux, cette activité demeurera plus confortable sur papier qu'à l'écran. Mais tous les autres seront, à plus ou moins long terme, des lecteurs perdus pour l'imprimé.

Du point de vue du journaliste, c'est dramatique. Mais ça l'est aussi pour quiconque considère que l'information est fondamentale pour une société démocratique parce que cela démontre à quel point l'information est devenue un bien déprécié dans notre univers d'Occidentaux. Entre une information de qualité pour laquelle il faut payer une somme minime et une information amoindrie mais gratuite, une quantité imposante de lecteurs préfèrent la gratuite. Et ce n'est pas que sur Internet que cela se vérifie; il suffit de prendre acte du succès des journaux gratuits du métro, qui se sont bâtis une énorme clientèle dans près d'une centaine de villes en moins de trois ans.

Le creux de la vague de la science

Outre le recul des magazines, qu'est-ce que cela a à voir avec la culture scientifique? Tout. Parce que c'est sur Internet que la science sera de plus en plus diffusée.

Première conséquence: revues, musées, associations, communicateurs, créateurs ou qui que vous soyez, n'espérez pas faire beaucoup d'argent avec Internet. Peu importe la qualité de l'information ou du produit que vous mettrez en ligne, peu importe que vous soyez convaincu d'être meilleur que votre concurrent, seule une infime minorité de citoyens sera intéressée à s'abonner. Ils ne paieront que de temps en temps, pour un service spécialisé qu'ils ne peuvent pas trouver ailleurs, comme les archives de votre publication, l'outil pédagogique génial que vous avez créé, le livre plus facile à trouver chez vous qu'en librairie, ou quelque autre produit pour lequel une légion de fanatiques vous aurait de toute façon accompagné jusqu'au bout du monde: par exemple, le *New York Times* a recueilli, en 2001, quelque 700000$ de revenus sur le Net grâce à ses... mots croisés!

Deuxième conséquence: si vous ne ramassez que peu ou prou de revenus (abonnements ou publicité) allez-y mollo avec les dépenses.

Il se trouve justement que l'erreur principale commise depuis 1993 est là: lancer des sites magnifiques et débordants d'informations... si magnifiques et débordants qu'il en coûte une fortune pour les entretenir. Arrive tôt ou tard un moment où l'investissement de démarrage se tarit et où il faut couper. Le magazine français *Science et Vie* en est l'exemple le plus spectaculaire: son site est parti en grand en 1998... et est fermé depuis 1998.

La plupart des pays occidentaux ont eu, ou ont encore, leur équivalent du Fonds québécois de l'autoroute de l'information, ce programme d'aide qui a contribué au lancement de sites à partir de 1996 et qui contient en lui-même un vice de forme: beaucoup d'argent permet certes de créer un site Web dont tout le monde est fier, mais il est si gros que, deux ans plus tard, plus personne n'a les moyens de maintenir à jour les multiples rubriques... ni de payer le programmeur spécialisé, seul capable de jouer dans les jolies animations!

Ajoutez à cela tous les jeunes qui se sont lancés à corps perdu dans des réalisations personnelles dont le contenu et le contenant égalaient ou dépassaient en qualité de nombreux sites professionnels... mais qui ont dû tout arrêter après un an ou deux, pour cause d'essoufflement. En science, trois excellents sites francophones ont ainsi rendu les armes en 2001-2002: *Franco-Science, Infoscience* et *Besok.*

Enfin, trop d'organismes bénévoles ou peu argentés s'imaginent encore, près de 10 ans après la naissance du Web grand public, que tous leurs problèmes seront réglés dès qu'ils auront trouvé un sympathique bénévole «qui connaît ça, lui, le Web». Cela correspond en général au moment où le conseil d'administration se désintéresse du site Web, pour n'y revenir qu'un an ou deux plus tard, quand il s'avère que le sympathique bénévole a cessé de toucher au site depuis des mois, trop occupé qu'il est par son nouvel emploi.

Le résultat, ce sont ces millions de sites qui n'ont plus été remis à jour depuis un an, deux ans, trois ans, ou dont l'adresse, bien qu'encore recensée dans des centaines d'annuaires, n'existe plus: les Français *Bioguide, Science Tribune* et *Nature Internet,* les

Québécois *La Science c'est captivant, Les oiseaux de l'autoroute électronique, Tout sur les grenouilles, Le Journal de la Biosphère, Science Aventure Jeunesse,* etc.

Car il y a une chose que les concepteurs de sites Web ne vous disent jamais: si créer un site représente une entreprise valorisante et excitante, le remettre à jour est un travail terne et mécanique (en dehors des tâches de rédaction et de recherche, quand il y en a). Tôt ou tard, cela devient lassant, et si vous en avez trop mis sur les épaules de votre bénévole, vous allez le perdre. Ainsi que son successeur, et celui d'après.

Remonter la vague

On m'avait demandé d'écrire un texte qui, dans le cadre de ce livre, vanterait les réussites de l'Agence Science-Presse sur le Web. Je ne suis pas assez prétentieux pour croire que l'Agence Science-Presse représente un modèle à suivre dans ce cyberespace où tout reste encore à inventer. Nous avons eu nous aussi notre part d'erreurs et même là où nous avons réussi – ou à tout le moins survécu – nous pouvions compter sur des atouts que n'ont pas les 600 autres organismes de culture scientifique recensés par Science pour tous. Parmi ces forces, la plus importante et la plus banale tient au fait que l'Agence est une agence de presse. Elle produit pour les médias des nouvelles brèves au quotidien, depuis 25 ans. Aucun organisme québécois n'était donc mieux préparé à produire des nouvelles scientifiques sur Internet. Il n'a même pas été nécessaire d'aller chercher une subvention!

S'il y a une leçon à retenir de ce modeste succès ou de celui des sites Web qui sont cités en modèle à travers le monde (par exemple celui de l'émission *Nova* (PBS) ou le fil de presse scientifique de la BBC), c'est celle-ci: que vous soyez un musée local, une association d'amateurs ou de professionnels, un organisme riche et célèbre ou un individu, investissez là où vous êtes déjà doué. Là où vous possédez une expertise. N'essayez pas de réinventer la roue.

Si vous devez absolument dépenser une grosse somme, mieux vaut créer une nouvelle rubrique qui sera complète en soi et qui n'aura plus besoin de mises à jour, à la manière d'un livre: par exemple, notre *Chronologie des sciences.* Ou notre cours *Comment chercher sur Internet,* travail d'un journaliste qui avait déjà écrit un ouvrage complet sur *Comment chercher* (Claude Marcil, Éditions MultiMondes). Cela vaut bien mieux que de créer à partir de rien un nouveau service qui tombera au point mort, une fois les sous épuisés. Même la chaîne de télé américaine Discovery a dû sabrer dans ses nouvelles brèves pour se replier en 2000 vers une production plus modeste et mieux arrimée à la programmation de ses multiples chaînes câblées. Cela ne l'empêche pas, aujourd'hui, d'offrir un excellent site de référence.

Développer ses atouts, dans le cas de l'Agence, cela signifiait encore une fois coller à l'actualité scientifique aussi bien avec les nouvelles qu'avec des revues de presse (ou *Kiosques*), un genre littéraire dans lequel les journalistes Geneviève Martel, Annie Cloutier et Geneviève Bougie ont acquis une grande expertise après quelques années. Cela signifiait profiter de la vaste expérience d'un journaliste et recherchiste chevronné (Claude Marcil) pour développer un vaste et luxuriant répertoire de sites (*La Bibliothèque*). Cela signifiait surtout arrimer le site Web au reste des activités afin que ceci profite de cela, plutôt que se retrouver avec deux entreprises qui auraient suivi des voies parallèles et entre lesquelles il aurait été impossible de jeter des passerelles.

Nul doute qu'Internet est un outil formidable de communication promis à un brillant avenir. Les associations d'astronomes et de botanistes amateurs ont soudain découvert à l'autre bout du monde des collègues avec qui ils ont pu partager ressources et informations. Les journalistes ont accès à des montagnes de primeurs grâce à des portails de communiqués de presse comme *Eurekalert.* Le bulletin électronique sur la culture scientifique de Science pour tous, *La Toile scientifique,* permet de bâtir une toile d'araignée de nouvelles et de savoirs dans des communautés qui s'ignoraient jusque-là, à l'image de ce qu'ont lentement tissé les premiers journaux quotidiens dans les communautés du XIXe siècle.

À sa manière, l'Agence Science-Presse participe à l'éclosion de cette nouvelle planète «branchée». À chacun d'y mettre à son tour un peu de ce qu'il fait le mieux. La société en général, et la culture scientifique en particulier, ne s'en porteront que mieux.

Agence Science-Presse: http://www.sciencepresse.qc.ca

Pascal Lapointe est journaliste depuis une quinzaine d'années et rédacteur en chef de l'Agence Science-Presse (ASP). Il a également beaucoup écrit sur Internet et sur l'évolution des médias et du journalisme face à Internet. L'ASP est la seule agence de presse scientifique de la francophonie. Elle fêtait à l'automne 2003 son 25e anniversaire, et elle est, entre autres, à l'origine du magazine et du Mouvement éducatif Les Débrouillards.

Troisième partie

La science en région

Le Mérite scientifique régional

Dominique Girard

Des hommes et des femmes de valeur

Le Mérite scientifique régional (MSR) témoigne chaque année de notre richesse scientifique, qu'il s'agisse diffusion ou de vulgarisation. Depuis plus de vingt ans, le Saguenay–Lac-Saint-Jean poursuit cet événement unique au Québec.

C'est l'occasion rêvée pour rassembler des représentants de la communauté scientifique régionale, professionnels autant qu'amateurs. En 2003, le MSR célébrait sa 20e édition.

Mérites à souligner

Le Mérite scientifique consiste en un gala où sont remis quatre méritas à des individus ou à des organismes régionaux qui se sont illustrés par leur contribution à l'avancement des sciences dans notre région. La «science» est ici prise au sens large, incluant les sciences humaines, sociales, pures et appliquées.

Cette soirée, qui prend la forme d'un dîner conférence, fournit l'occasion de souligner le mérite de certains représentants de la communauté scientifique régionale. De plus, elle présente le dynamisme de la communauté scientifique régionale à la population du Saguenay–Lac-Saint-Jean.

Tout débute par un concours ouvert à l'ensemble de la communauté scientifique de la région. N'importe qui peut, s'il le désire, déposer un dossier de candidature. Une attention particulière est apportée sur la valeur novatrice, scientifique, sociale, culturelle et économique plutôt que sur le rôle communautaire de l'organisme ou de l'individu. Chaque dossier de candidature est soigneusement examiné par un jury indépendant. C'est ce dernier qui détermine les gagnants de chacun des prix du MSR.

Petite histoire du mérite

En 1982, un comité régional veut mettre en place une nouvelle activité pour clôturer la Semaine des sciences au Saguenay–Lac-Saint-Jean. Différentes idées sont avancées: un colloque, un concours scientifique, une journée portes ouvertes de laboratoires ou d'industries, etc. C'est ce projet qui sera finalement choisi: organiser un mérite scientifique régional. Le côté novateur de cette activité et la volonté que la science rejoigne un plus vaste auditoire auront été déterminants dans le choix du comité.

L'Université du Québec à Chicoutimi (UQAC) et le Conseil du loisir scientifique du Saguenay–Lac-Saint-Jean (CLS), créé en 1981, ont concocté le tout premier événement.

Le 8 mai 1982, près de 150 personnes s'étaient pressées dans les locaux de l'UQAC pour applaudir les cinq premiers récipiendaires. Ce soir-là, MM. Noël Breton, André Francœur, Ghislain Gagnon, Jean Larochelle et Jean Pelletier étaient honorés par un prix du MSR.

La seconde édition du MSR sera présentée dix-huit mois plus tard au Collège d'Alma. Au mois d'avril 1985, la polyvalente de Ville de La Baie accueille la troisième édition du MSR.

D'année en année, l'événement prend de l'ampleur. À compter de 1986, les *Méritas* s'accompagnent d'une bourse de 500$. Un an plus tard, la soirée se transforme en dîner conférence. Ce nouveau concept attire plus de 400 participants. Autant que le Mérite sportif régional! La science est aussi populaire que le sport!

Les gagnants du 1er MSR en 1982. De gauche à droite: Noël Breton, André Francœur, Ghislain Gagnon, Jean Larochelle, Jean Pelletier.

En 1992, le prix Damase-Potvin est accordé au Cercle des jeunes naturalistes. Dans l'ordre habituel, Marcel Martel, invité d'honneur, Guy J. Collin, président du MSR, Hans Blackburn, du CJN, et Francis Dufour.

Des invités de renom se succèdent au cours des années. Politiciens, vulgarisateurs, chercheurs, écrivains, scientifiques, hommes et femmes d'affaires sont tour à tour invités. Citons, par exemple, Denise Bombardier qui, en 1989, vient nous parler des sciences humaines *versus* l'humanisme, Mme Lise Bissonnette alors directrice du *Devoir* qui, en 1992, nous entretient de l'importance des nouvelles technologies de l'information dans l'évolution de la perception des sciences au Québec ou encore Mme Pauline Marois alors vice-première ministre et ministre des Finances qui a agi comme présidente d'honneur de la 20e édition du MSR.

La remise des *Méritas* donne lieu à des moments remplis d'émotion et de fierté. Quelquefois, les traditionnels remerciements des récipiendaires font place à la lecture d'un poème ou à une chanson. À d'autres moments, c'est un lapsus qui provoque le rire dans la salle. En 1992, un invité d'honneur présente l'organisme gagnant du prix Damase-Potvin comme étant le Cercle des jeunes «naturistes» au lieu de «naturalistes». Il n'en faut pas plus pour que le directeur du CJN, M. Hans Blackburn, entame ses remerciements en précisant que pour l'occasion, il s'est vêtu convenablement…

Les gagnants de 1992 de gauche à droite : Dr Marcel J. Melançon, Guy J. Collin (président du MSR), Benoît Turcotte, la représentante de la Clinique de soins infirmiers de l'hôpital de Jonquière, Mme Jocelyne St-Germain, Dr Jacqueline Thériault, Hans Blackburn.

Des prix à visage humain

Depuis 1985, les méritas contribuent à faire connaître les personnalités de l'histoire scientifique de la région. C'est ainsi qu'apparaissent les prix J.-E.-A.-Dubuc, Louis-Élie-Beauchamp, Laure-Gaudreault, Damase-Potvin et Alphonse-Huard. Plus tard, viendront s'ajouter les prix Fondation Asselin et Plourde-Gaudreault.

Par ce geste, le MSR veut ainsi souligner l'apport important de ses pionniers régionaux dans différents domaines de la science. Le prix Plourde-Gaudreault (santé et services sociaux), le prix Fondation Asselin (éducation) et le prix Alphonse-Huard (promotion de la science et de la technologie) sont décernés chaque année. Le quatrième méritas est choisi, en alternance, parmi les trois prix suivants: le prix Laure-Gaudreault (sciences humaines), le prix Louis-Élie-Beauchamp (sciences pures et appliquées) et le prix J.-E.-A.-Dubuc (innovation technologique).

Les prix Damase-Potvin et Alphonse-Huard n'en forment aujourd'hui plus qu'un: celui du méritas de la diffusion scientifique.

Mention honorifique décernée à Dominic Belley (à gauche), en 1993, par Guy J. Collin, président du MSR.

À trois occasions, le MSR a souligné le travail, l'engagement et l'excellence d'individus ou d'organismes en dehors de ses traditionnels méritas. En 1993, le premier méritas honorifique soulignait l'excellente performance de Dominic Belley. Étudiant en cinquième année du secondaire au Séminaire de Chicoutimi, Dominic Belley a su faire sa marque dans le domaine des Expo-sciences. Lauréat à plusieurs reprises aux Expo-sciences régionales, québécoises et pancanadiennes, il s'est particulièrement signalé par son «Étude en neuro-psychologie sur les attitudes et les caractéristiques cérébrales des gauchers» obtenant ainsi une place parmi les cinq grands finalistes au niveau mondial en 1993. Le comité organisateur du Mérite scientifique régional a voulu honorer Dominic Belley pour sa performance tout à fait exceptionnelle à l'Expo-sciences internationale d'Amarillo, au Texas.

Un second méritas honorifique a récompensé, en 2001, l'équipe du Conseil du loisir scientifique du Saguenay–Lac-Saint-Jean. Ce prix remis lors du 20e anniversaire du CLS a souligné ses multiples réalisations dans la culture et le loisir scientifique.

Enfin, un troisième méritas honorifique a couronné Yvon Roy, le président de l'Expo-sciences régionale. Après 20 ans à ce poste, plusieurs jeunes et amis lui donnaient le titre de «Monsieur Expo-Sciences».

Et, depuis 1996, le Mérite scientifique régional souligne également l'importance de la relève scientifique au Saguenay–Lac-Saint-Jean. En effet, tous les grands gagnants de l'Expo-sciences régionale assistent en personne à la soirée des méritas. Et c'est une excellente occasion de fournir à ces jeunes des modèles de réussite scientifique.

Dans le même ordre d'idées, en 1997, le Mérite scientifique régional, le Conseil du loisir scientifique et l'Expo-sciences régionale se sont unis pour l'édition d'un livre intitulé *La science, réflexions de septantaine*. Cet ouvrage de M. Paul-Eugène Lemieux, chercheur retraité de la compagnie Alcan, consiste en une série de réflexions vulgarisées sur la science et la vie du scientifique, avec pour objectif d'inciter les jeunes à un choix de carrière scientifique.

Sous les projecteurs

Depuis ses débuts, le Mérite scientifique régional donne de la visibilité aux individus et organismes qui œuvrent, souvent dans l'ombre, à l'avancement de la science et de la technologie. Ces prix contribuent à les faire connaître auprès du public.

Pour la communauté scientifique régionale, cela constitue également une reconnaissance des efforts qu'elle fournit au mieux-être de la collectivité. Cette mise en valeur de leurs travaux, de leurs actions, de leur implication est une source de motivation pour la plupart de ces chercheurs et vulgarisateurs.

Ce dîner conférence annuel constitue également une occasion de rencontre pour des gens préoccupés par l'avancement des sciences et de la technologie, ceux du monde de l'éducation, des affaires, de l'industrie et des PME.

Plusieurs récipiendaires des prix du MSR se sont vus octroyer par la suite d'autres prix sur la scène québécoise ou canadienne. Gérard Bouchard (Méritas 1983) s'est vu décerner le prix Léon-Guérin par le gouvernement du Québec en 1993. Ghislain Desmeules (prix Fondation Asselin 1991) a mérité des prix québécois et canadiens en mathématiques: deux en 1993, un en 1994 et un en 1996. Rung Tien But (prix Louis-Élie-Beauchamp 1990), s'est vu décerner en 1996 le prix Synergie Universités-Industrie attribué conjointement par le Conseil de recherches en sciences naturelles et en génie du Canada et le Conference Board du Canada.

À la taille de la région

Le Saguenay–Lac-Saint-Jean est une vaste région. Depuis 1996, le Mérite scientifique régional se tient alternativement dans l'une ou l'autre des deux sous-régions. Les gagnantes et les gagnants des méritas proviennent de partout au Saguenay et au Lac-Saint-Jean.

Depuis quelques années, le Mérite scientifique régional offre une tribune à d'autres organismes pour qu'ils puissent y remettre leur propre prix. Ainsi, depuis 2000, le Consortium régional de recherche en éducation (CRRÉ) souligne, par un prix distinct, la grande réussite d'un projet dans le domaine de l'éducation. En 2003, le Centre québécois de développement durable (CQDD) a emboîté le pas à son tour.

Mme Suzie Robichaud, l'actuelle présidente du MSR.

D'année en année, l'événement prend de l'ampleur et sa notoriété grandit. Le comité responsable de l'organisation demeure relativement restreint. Pour la 20e édition du MSR, Mm Suzie Robichaud, doyenne des études de cycles supérieurs et de la recherche à l'Université du Québec à Chicoutimi, est devenue la première femme à occuper la présidence du comité organisateur. Avant elle, MM. Louis-Philippe Charrette, Guy J. Collin, Jean-Pierre Vidal, Michel Belley, Jayanta Guha et Jean-François Moreau ont occupé tour à tour la présidence du comité. De cinq à huit autres bénévoles provenant du milieu des affaires, de l'éducation, de l'industrie ou d'organismes communautaires et de loisir viennent compléter la composition du comité.

Pour sa 20e édition, le comité organisateur était composé de sa présidente, Mme Suzie Robichaud de l'UQAC, de MM. Dominique Girard du CLS, Luc Duchesneau, du Centre de recherche et de développement Arvida d'Alcan, Marc Dupuis, du CLS, de Mme Michèle Harvey, de la Régie régionale de la santé et des services sociaux, de M. Robert Loiselle, de l'UQAC, et de Mme Hélène Vandal, de la Fonderie Saguenay ltée.

Ces gens se passent le flambeau pour que le Mérite scientifique régional rayonne le plus largement possible.

Des mérites et des prix

Le prix Plourde-Gaudreault, un méritas en Santé et services sociaux. Nommé en l'honneur du Chanoine François Plourde qui est à l'origine du Centre de services sociaux du Saguenay–Lac-Saint-Jean-Chapais-Chibougamau et de M. Gilles Gaudreault, qui fut le premier directeur général laïc d'un centre hospitalier au Saguenay–Lac-Saint-Jean.

Le prix Fondation Asselin, un méritas en Éducation. En l'honneur de M. Pierre-Paul Asselin qui fonda le Collège de Jonquière en 1955. Afin de lui rendre hommage, le Cégep de Jonquière et les Oblats de Marie-Immaculée ont donné son nom à la fondation qu'ils ont créée.

Le prix Alphonse-Huard, un méritas en Promotion de la science et de la technologie. En hommage à l'abbé Alphonse Huard, fondateur du musée du Séminaire et directeur du *Naturaliste canadien* de 1894 à 1929. Écrivain fécond, l'abbé Huard a laissé une œuvre écrite dont la renommée dépasse les frontières de la province.

Le prix Damase-Potvin, un méritas en Diffusion scientifique. En l'honneur de M. Damase Potvin, rédacteur, reporter et écrivain. Ces romans principaux sont: *La robe noire, La Rivière-à-Mars* et *Peter McLeod* (prix David en 1937).

Le prix Laure-Gaudreault, un méritas en Sciences humaines. En hommage à Mme Laure Gaudreault, enseignante et journaliste, elle est à l'origine de la Fédération catholique des institutrices rurales. Cette fédération et son expansion accélérée aboutirent au mouvement de syndicalisation du secteur de l'enseignement au Québec.

Le prix Louis-Élie-Beauchamp, un méritas en Sciences pures et appliquées. En l'honneur de M. Louis-Élie Beauchamp, le premier médecin à exercer à l'hôpital de Chicoutimi.

Le prix J.-E.-A.-Dubuc, un méritas en Innovation technologique. En l'honneur de M. Julien-Édouard-Alfred Dubuc, surnommé le père de l'industrie de la pulpe au Saguenay. Sa réussite éclatante dans le domaine industriel donne lieu à une véritable conscientisation sur la capacité des entrepreneurs canadiens-français.

Bachelier en communication publique, **Dominique Girard** est coordonnateur au Conseil du loisir scientifique du Saguenay–Lac-Saint-Jean, un organisme de promotion du loisir et de la culture scientifique. Il est responsable de l'organisation du Mérite scientifique régional.

ASTER, la Station scientifique du Bas-Saint-Laurent

Christian Marcotte

Centre d'interprétation, d'animation et de formation aux sciences, la Station Aster est tout d'abord née de l'amour des étoiles. Prenant de l'expansion – un peu comme l'Univers! – la Station scientifique du Bas-Saint-Laurent s'est transformée en un organisme de culture scientifique complet: astronomie, génie, expérimentations de toutes sortes... jusqu'à donner des ateliers Internet. Car la curiosité n'a pas de limites!

Le big bang d'Aster

La Station scientifique du Bas-Saint-Laurent a comme mère la population du Témiscouata et comme père, Jacques Pelletier, l'érudit, l'astronome amateur de la région. Car c'est en s'adonnant à sa passion en compagnie d'Émilien Dufour, que l'idée de construire un observatoire d'astronomie dans le Témiscouta a germé. Le tout premier observatoire sur le site fut une vieille maison en pièce sur pièce déménagée par Jacques Pelletier sur son terrain qui deviendra, plus tard, le domaine de l'observatoire. S'ensuit alors une vaste campagne de sensibilisation au projet et une levée de fonds pour l'amélioration de l'observatoire et l'achat d'un télescope.

La naissance officielle de l'Observatoire du Témiscouata a eu lieu le 27 octobre 1977 lorsque la Corporation de l'Observatoire du Témiscouata a reçu ses lettres patentes. Après des hauts et des bas dans le financement et la recherche d'appuis, tant régional que provincial, la construction de l'observatoire tel qu'on le connaît aujourd'hui commence à l'été de 1981.

ASTER, la Station scientifique du Bas-Saint-Laurent.

Le télescope Célestron 14 pouces, acquis en 1979 mais reçu officiellement en don de la Commission scolaire Grand-Portage en mai 1980, est installé à l'été 1982 et la mise en opération officielle s'effectue le 6 juillet de la même année coïncidant ainsi avec une éclipse lunaire. L'Observatoire du Témiscouata est officiellement en activité!

D'observatoire depuis 1976, l'Observatoire du Témiscouata devient en 1986 un centre d'interprétation scientifique. À partir de ce moment, non seulement l'astronomie sera traitée mais l'ensemble des sciences seront abordées lors des animations.

Cinq ans plus tard, l'équipe d'Aster monte des ateliers d'éveil aux sciences. Destinés à piquer la curiosité des jeunes du primaire et du secondaire, ces ateliers sont mobiles, c'est-à-dire qu'animateurs et équipements se déplacent d'école en école.

La science en atelier

Pour diffuser la science dans les écoles, l'équipe de la station ASTER a conçu dès 1991 des programmes éducatifs originaux et accessibles. Cinq ateliers voyagent partout au Québec, au Nouveau-Brunswick et en Ontario. Cette initiative permet de rejoindre des élèves dans des régions où la culture scientifique fait défaut. Car tout le monde ne vit pas dans les métropoles! Ces outils pédagogiques rejoignent les jeunes du primaire comme ceux du secondaire dans leur propre école. Ces ateliers veulent avant tout susciter la curiosité des jeunes à l'égard des sciences et des nouvelles technologies.

Le Starlab, le planétarium mobile

ASTER a fait l'acquisition, en 1993, d'un équipement tout à fait original: un planétarium gonflable appelé Starlab. Ce planétarium mobile recrée le ciel étoilé... en plein jour! Et cela, dans des conditions d'observation optimales. Cette nouvelle technologie initie les jeunes à l'astronomie dans la cour de l'école. Cinq histoires différentes – préscolaire, ainsi que les deux cycles du primaire et du secondaire – prennent vie sous les yeux des enfants. L'animateur projette d'abord le ciel étoilé de la journée – celle de la visite – puis le ciel d'une autre saison et de l'hémisphère Sud. Puis, il aborde des thèmes comme le jour et la nuit, les saisons, les comètes, le big bang, l'effet Doppler, l'astrophysique, etc., en fonction du niveau de connaissances des élèves. Bien sûr, le contenu de chaque scénario rencontre les exigences de différents programmes du ministère de l'Éducation.

Disponible en français et en anglais, ce planétarium visite les écoles de toute la province en s'attardant principalement dans les régions où il n'y a pas d'observatoire astronomique. L'animation Starlab s'est rendue au Labrador pour y être présentée aux jeunes élèves francophones de Labrador City. En 1999, l'atelier a voyagé en Ontario ainsi qu'au nord-ouest du Nouveau-Brunswick. Plus de 150000 personnes ont visité le Starlab.

Hélios ou la découverte de l'expérimentation

Un autre atelier, Hélios ou la découverte de l'expérimentation, vise à faire vivre la démarche expérimentale aux élèves du primaire. Conçue en 1994, cette animation donne le rôle principal à l'élève. L'espace d'une heure, il devient chercheur ou ingénieur. Le premier volet de l'atelier comprend trois expériences touchant les propriétés de la lumière. Ainsi, les élèves doivent expliquer certains phénomènes comme la réfraction, les ultraviolets, la fibre optique ou les lasers. Ce volet s'adresse aux élèves du préscolaire jusqu'à la troisième année.

Le second vise plutôt les élèves de la quatrième à la sixième année. Plus fourni, il comprend 15 expériences autour du même thème, la physique de la lumière. Les élèves réalisent une expérience, observent un phénomène et émettent ensuite leurs hypothèses pour expliquer une de ses propriétés.

Près de 10000 élèves des régions du Bas-Saint-Laurent, de la Côte-Nord et du Nouveau-Brunswick ont participé à l'atelier Hélios depuis 1987.

Léonard, Ingénieur Créateur

L'atelier Léonard, Ingénieur Créateur fait la promotion des professions d'ingénieur auprès des jeunes du secondaire. Sous la supervision d'un animateur chevronné, quinze expériences permettent aux étudiants de démythifier les carrières scientifiques par la résolution de problèmes concrets comme la cellule photoélectrique et l'éclairage routier, le contrôle de la qualité du béton ou l'utilisation de la fibre optique en télécommunication. Cet atelier vise à montrer les applications concrètes des mathématiques pour chacun des niveaux du secondaire. Une bonne manière de les rendre intéressantes! Conçu en 1997, cet atelier est le fruit d'une collaboration avec les étudiants du Département de mathématiques, d'informatique et de génie de l'UQAR, avec le concours de diverses entreprises privées.

Un an après sa création, Léonard, Ingénieur Créateur a connu son premier succès! Plus de dix mille élèves des régions - Côte Nord, Gaspésie, Bas-Saint-Laurent, etc. - l'ont adopté. C'est aussi un atelier qui laisse des traces, car il se poursuit en classe par des problèmes complémentaires à réaliser. Les enseignants peuvent ainsi approfondir les divers domaines de l'ingénierie avec leurs élèves et revoir les notions mathématiques du programme.

Plusieurs partenaires de marque tels Hydro-Québec, Bombardier Aéronautique, Norampac inc. (Division de Cabano) et EXFO s'y sont associés.

Prendre le Sentier de la curiosité

Place à l'enquête scientifique! L'animation Le Sentier de la curiosité s'adresse aux jeunes du premier cycle du secondaire en mettant l'accent sur leur curiosité naturelle envers certains phénomènes.

Cet atelier les convie à une grande aventure scientifique. En groupes de deux, les étudiants doivent trouver la réponse à une question... qu'ils se sont eux-mêmes posée! Pour cela, ils effectuent une recherche bibliographique et contactent des professionnels susceptibles de répondre à leurs interrogations. Le tout, bien sûr, sous la supervision d'un animateur.

Cette activité propose aux jeunes de se questionner, de débattre et de faire des rencontres avec des professionnels qui œuvrent dans des domaines scientifiques et techniques. L'atelier s'étale sur une période de huit semaines et se termine par un gala méritas où les étudiants présentent les résultats et les démarches de leur enquête. Les gagnants reçoivent des prix intéressants comme une fin de semaine au Camp spatial ou une excursion aux baleines.

Le Sentier de la curiosité est présenté dans quatre polyvalentes de Kamouraska, Rivière-du-Loup, Témiscouata et Les Basques. Il constitue un excellent moyen de créer des liens entre les institutions scolaires et différents milieux: entreprises, hôpitaux, laboratoires de recherche, etc.

Une collaboration avec les étudiants en graphisme du Cégep de Rivière-du-Loup a permis l'édition en 2000 d'un guide pédagogique: *Le sentier de la curiosité enquête au sujet des carrières scientifiques* qui a reçu le soutien du ministère du Développement économique et régional pour sa réalisation.

Arpenter l'autoroute de l'information

Voilà déjà six ans qu'ASTER élabore des camps de jour Internet pour les jeunes, en collaboration avec le Conseil du loisir scientifique de l'Est du Québec et le serveur GlobeTrotter. Ces camps initient les jeunes de 9 à 14 ans à l'utilisation de cette technologie tout en les éveillant aux sciences et aux technologies.

Sur une période d'une semaine, les jeunes participent à une variété d'activités: 2 à 3 heures par jour d'exploration sur Internet, 1 à 2 heure(s) par jour d'ateliers scientifiques et des sorties éducatives dans leur milieu. Présents dans dix villes du Bas-Saint-Laurent et de la Gaspésie, ces camps ont rejoint plus de 500 jeunes.

Rayonnante sur sa communauté

Pendant la période scolaire (mai et juin), les animateurs de la Station accueillent plus de 500 jeunes du primaire pour le programme Animons la station. Cette activité regroupe plusieurs ateliers touchant les thématiques de l'astronomie, l'écologie, la géologie, les énergies renouvelables et la météorologie. Avant la visite, les enseignants reçoivent un cahier d'activités pédagogiques permettant de préparer les jeunes à la visite et après, de poursuivre l'exploration des thèmes dans la classe.

Durant la saison estivale, l'observatoire et le centre d'interprétation ouvrent leurs portes au grand public et aux groupes organisés. ASTER dispose de nombreuses ressources: terrain de jeux, camp de vacances, autobus, etc. La Station reçoit près de 4000 visiteurs qui viennent observer les astres grâce à notre télescope Célestron 14 pouces acquis en 1979. Jusqu'à l'été 2003, les curieux découvraient différentes *expositions thématiques* notamment en astronomie, en sismologie, en météorologie, en géologie, en écologie, etc. À partir de l'été 2004, la Station Aster offrira une nouvelle exposition permanente à ses visiteurs. L'exposition traitera de l'observation du ciel à travers les yeux d'un astronome amateur, de son enfance à l'âge adulte.

Chaque année, la station organise en août un Festival des Perséïdes. Cet incontournable rendez-vous des astronomes amateurs s'enrichit de nombreuses activités: expositions d'œuvres d'artistes, conférences, animations spécialisées, etc.

Depuis sa création, ASTER s'implique de façon continue dans son milieu. La Station scientifique du Bas-Saint-Laurent est à l'origine d'un regroupement de tous les intervenants touristiques de Saint-Louis-du-Ha-Ha. Cette table de discussion vise à établir une stratégie de promotion pour l'ensemble de la région.

Finalement, ASTER soutient activement la Société d'Astronomie du Témiscouata et le Club d'astronomie Les Pléiades (12-16 ans). Elle collabore également à de nombreux événements régionaux tels le Festival Champi-Témis, la piste cyclable du Petit-Témis et bien d'autres.

Constellée de récompenses

Le ministère de la Culture et des Communications gratifiait ASTER, en mars 2001, du statut d'institution muséale reconnue. C'est le dernier clou d'une route pavée de reconnaissances, car la Station scientifique du Bas-Saint-Laurent avait déjà reçu en 1997 le prix Michael-Smith. Cette récompense de portée nationale distingue un établissement pour l'ensemble de son travail de la promotion, de diffusion et de vulgarisation des sciences. Deux ans plus tard, notre organisme recevait le prix Technologie, Catégorie Relève, remis par l'Association de la recherche industrielle du Québec (ADRIQ). Ce prix récompense une entreprise innovante établie au Québec et à un établissement d'enseignement ayant réalisé conjointement un projet de partenariat. Ce programme doit faire la promotion des choix d'études et de carrières scientifiques et technologiques auprès des jeunes formant la relève. Par son Opération relève TechnoScience, l'ADRIQ encourage les initiatives et les réalisations des partenariats entreprise/école. La station

ASTER et l'Université du Québec à Rimouski ont reçu cette distinction pour l'atelier Léonard Ingénieur Créateur.

ASTER, une usine de projets

La renommée de nos ateliers mobiles n'est plus à faire, mais nous désirons rester à la fine pointe des développements en éducation. C'est pourquoi notre programme *Une idée de génie* adaptera les activités itinérantes – Starlab, Hélios, Léonard Ingénieur Créateur – à la nouvelle approche de «pédagogie par projet» instaurée par le ministère de l'Éducation. Actuellement, il n'existe pratiquement aucun modèle d'apprentissage pour les enseignants. ASTER fournira donc aux Commissions scolaires un guide d'activités et d'expériences scientifiques qui intégrera les différentes matières enseignées (sciences, français, mathématiques, orientation, etc.). Ce programme durera entre 5 à 10 semaines et permettra une expérimentation renouvelée de nos ateliers mobiles.

En juin 2002, la station ASTER a entrepris les démarches pour le renouvellement de l'exposition permanente. Un coup de pouce de 195000$ accordé par le ministère de la Culture et des Communications du Québec – un programme d'aide aux organismes reconnus – a mis le projet en marche. L'inauguration de l'exposition *Observer le ciel, un peu, beaucoup, passionnément* est prévue pour le 24 avril 2004.

Qu'est-ce qui anime l'équipe de la Station ASTER?

L'équipe de la Station ASTER a la capacité de créer et de diffuser des produits sur mesure pour ses différentes clientèles avec peu de ressources. Elle parvient à réunir les gens et les entreprises afin d'atteindre des objectifs communs. Il s'agit de gens engagés, déterminés, mais surtout soucieux de l'épanouissement des individus.

La science et la technologie sont de beaux prétextes pour amener l'individu à se dépasser et à augmenter son estime de soi. Sa diffusion contribue à l'épanouissement des citoyens (présents et futurs), en faisant d'eux des gens éclairés, informés et équilibrés. Évidemment, l'équipe de la Station n'a pas la prétention de participer seule à ce résultat, mais elle est fière d'y contribuer modestement.

Notre site Internet (www.globetrotter.net/aster/) constitue une vitrine importante pour faire rayonner nos activités au niveau municipal, régional, national et international. Passez nous voir!

Christian Marcotte a toujours entretenu un intérêt marqué pour les sciences historiques et le patrimoine en général. Après des études de 1er cycle en histoire, sa formation s'est orientée vers les disciplines qui touchent principalement les aspects de la conservation des patrimoines. Ses activités professionnelles, à cette étape de sa carrière, gravitent autour des questions liées à la profession de conservateur territorial et aux questions de la muséologie scientifique. C'est à ce titre qu'il fut nommé chargé de projet pour le renouvellement de l'exposition permanente à la Station Aster en août 2002.

Le parc national de Miguasha

L'histoire de l'évolution dans un fossile de poisson

Paul Lemieux

La falaise de Miguasha est un grand livre d'enseignements. Elle continue de susciter l'intérêt des paléontologues, ces scientifiques spécialisés dans l'étude des fossiles, et du grand public. Et les poissons fossiles de Miguasha, objets d'étude depuis 120 ans, livrent peu à peu leurs secrets. Ceux d'une histoire de l'évolution vieille de 370 millions d'années.

Les plus récentes recherches sur les poissons fossiles de Miguasha ont permis d'identifier des réseaux de vaisseaux sanguins, des nerfs et même un nouveau type de cartilage. Un cartilage calcifié! Cette dernière découverte constitue une première pour l'ensemble des vertébrés actuels et fossiles, comme le diffusait la prestigieuse revue *Nature* à l'automne 2002, sous la plume des paléontologues Philippe Janvier du Muséum d'Histoire naturelle à Paris, et Marius Arsenault, le directeur du parc de Miguasha.

De tels résultats permettent de comprendre une page importante de l'histoire de la vie sur Terre, et aussi d'enrichir le programme d'interprétation du Musée d'histoire naturelle de Miguasha. Depuis maintenant 25 ans, les visiteurs peuvent suivre l'évolution de la recherche à travers une vulgarisation dynamique.

Le site fossilifère de Miguasha présente la grande période du Dévonien, plus connue sous «Âge des poissons». La qualité exceptionnelle de conservation de cette période majeure de l'évolution, a permis au site de figurer sur la liste du Patrimoine mondial de l'UNESCO. Depuis décembre 1999, le parc préserve un trésor scientifique, non seulement pour le Québec et le Canada, mais pour le monde entier.

Falaise de Miguasha, en Gaspésie.

Remonter le temps

L'histoire de la découverte du site de Miguasha remonte à plus d'un siècle.

L'été 1879, une équipe de terrain de la Commission géologique du Canada cartographie différentes zones dans l'ouest de la Baie-des-Chaleurs. C'est ainsi qu'elle découvre Miguasha. Cette équipe semble ignorer le rapport du Service de géologie du Nouveau-Brunswick de l'année 1843 dans lequel figure une note d'un certain Abraham Gesner. Ce médecin et chimiste affirmait avoir trouvé des fossiles sur la plage au cours de l'été 1842. Comble de malchance, personne n'a porté attention à la découverte du Dr Gesner inscrite dans le rapport de 1843.

Cette fois, il en sera tout autrement. Dès 1880 et 1881, plusieurs expéditions de fouilles convergent vers la falaise de la Baie-des-Chaleurs. Les poissons récoltés sont remis à J.F. Whiteaves, un paléontologue canadien de la Commission géologique du Canada, alors que les plantes sont confiées à Sir J.W. Dawson, un paléobotaniste du Musée Redpath de l'Université McGill de Montréal.

Au cours de 1880 paraît la première description scientifique d'un fossile de Miguasha dans la revue *American Journal of Science.* Et la première communication scientifique sera faite le 6 juillet de cette année-là devant les membres de la Société d'histoire naturelle de Montréal. Toutes deux sont l'œuvre du paléontologue J.F. Whiteaves qui, entre 1880 et 1908, a publié de nombreux articles sur les poissons de Miguasha.

Ces publications vont attirer l'attention de la communauté scientifique internationale sur la falaise gaspésienne. Il ne faudra que quelques années avant que des scientifiques et des collectionneurs étrangers viennent faire des fouilles à Miguasha. Pourtant, dans les documents de l'époque, le terme Miguasha n'est pas utilisé et, la plupart du temps, il est question des fossiles de la Baie d'Escuminac; soit *Scaumenac Bay* ou *Escuminac Bay,* en langue anglaise.

Fouilles prolifiques

Entre 1887 et 1937, pendant un demi-siècle, de nombreuses expéditions scientifiques viennent de l'étranger pour récolter les fossiles de Miguasha. Les centres de recherche et des musées d'histoire naturelle du monde entier se dotent d'importantes collections de poissons et de plantes fossiles en provenance de ce coin de Gaspésie.

C'est le cas de grandes institutions américaines: l'American Museum of Natural History de New York, le New York State Museum d'Albany, le Buffalo Museum of Sciences, dans l'État de New York,

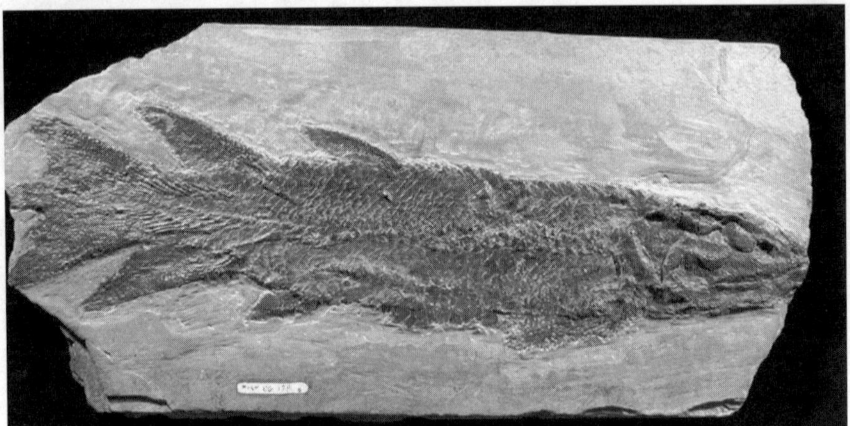

Le célèbre poisson fossile de Miguasha: *Eusthenopteron foordi.*

Fossile du poisson *Bothriolepis canadensis.*

l'University of Michigan, l'Université Harvard du Massachusetts, le Smithsonian Museum de Washington et bien d'autres. Du côté de la recherche, le paléontologue américain E.D. Cope identifie, en 1892, des caractères morphologiques s'apparentant aux premiers vertébrés terrestres chez le poisson *Eusthenopteron foordi.* Cette découverte allait lancer la remarquable carrière de ce poisson!

Même s'ils y viennent depuis 1887, c'est dans les années 1920 que les Européens font deux expéditions déterminantes dans l'histoire du site. En 1922, la récolte de quelque 1 200 fossiles permet aux Suédois d'instituer une école de paléontologie de grande réputation qui ralliera des chercheurs du monde entier.

Au sein de cette école, dans les années 1940, s'impose un jeune paléontologue du nom d'Erik Jarvik. Il va devenir le grand spécialiste de l'*Eusthenopteron foordi,* le célèbre poisson fossile de Miguasha. Au fil de ses recherches et de ses publications, le Dr Jarvik va positionner ce poisson dans l'histoire de l'évolution. C'est, d'après lui, le chaînon qui permet de comprendre le passage de la vie aquatique à la vie terrestre chez les vertébrés. En 1942, Erik Jarvik publie un ouvrage de 675 pages principalement sur *Eusthenopteron foordi.* Cela consacre ainsi la notoriété de ce poisson à travers le monde. Depuis, ce poisson fossile de Miguasha figure dans la grande majorité des livres consacrés à la géologie et à la paléontologie.

Une autre espèce, *Bothriolepis canadensis,* retient l'attention du paléontologue Erik A. Stensiö. Ce chercheur appartient à l'expédition de 1922. Ses longues recherches sur ce poisson à carapace mènent, en 1948, à la publication d'une volumineuse étude de 622 pages.

Lors de leurs séjours à Miguasha, les scientifiques et les collectionneurs étrangers reçoivent le soutien de familles locales. Parmi elles, les Plourde.Trois générations de cette famille ont voué une véritable passion pour les fossiles. Antoine Plourde, l'ancêtre né à Miguasha en 1860, était présent lors de la découverte du site, en 1879. Il a transmis sa passion à son fils Euclyde et à son petit-fils Ralph.

Pendant des décennies, les Plourde ont été étroitement associés aux activités des scientifiques: d'intermédiaires aux fouilles ou guidant les chercheurs dans la falaise. Un poisson fossile, le *Plourdosteus canadensis,* témoigne de cette implication de la famille Plourde auprès des scientifiques.

1937, une date charnière

Pour la première fois, des scientifiques québécois prennent conscience de l'importance du site de Miguasha. Le père Léo-G. Morin et l'abbé J. W. Laverdière, deux géologues qui ont été respectivement les premiers directeurs des départements de géologie de l'Université de Montreal et de l'Université Laval de Québec, visitent le site au cours de l'été 1937. À la suite de leur passage, ils avisent les autorités gouvernementales de son importance et de l'urgence de le protéger. Aussitôt, le ministère des Mines demande à un certain René Bureau de partir à Miguasha amasser ce qui allait être la première collection québécoise de fossiles du site.

Dès sa première visite, en septembre 1937, René Bureau comprend toute la richesse du site fossilifère et l'obligation de le préserver. Il y voyait les nombreux collectionneurs privés et scientifiques étrangers faire des fouilles et constituer des collections appartenant au patrimoine naturel du Québec. René Bureau fut, pendant des décennies, l'un des plus fougueux défenseurs de la création d'un parc.

L'idée de protection fait lentement son chemin. Et en 1964, piloté par René Bureau, le Projet Miguasha est déposé au ministère du Tourisme, de la Chasse et de la Pêche (MTCP). Il demande la protection du site afin que cesse l'exploitation jusqu'alors incontrôlée des fossiles de Miguasha.

La création du parc

En 1972, le gouvernement du Québec se porte acquéreur d'une portion représentative de la Formation d'Escuminac. La première équipe sera dirigée en 1977 par Marius Arsenault, fraîchement diplômé en paléontologie. Elle a comme premier mandat la constitution d'une collection nationale de spécimens fossiles. À compter de juin 1978, cette même équipe anime, non sans une certaine fébrilité, le premier petit musée consacré aux poissons et plantes fossiles et aux grandes étapes de l'évolution. Le succès est immédiat. À la première saison, quelque 8000 valeureux visiteurs découvrent, non sans étonnement, que la Gaspésie possède un site célèbre à travers le monde.

En janvier 1985, le statut de parc de conservation est accordé au site fossilifère, confirme la préservation de ce patrimoine scientifique pour les générations futures. Au fil des ans, la fréquentation augmente et le projet d'un nouveau musée est soulevé. L'inauguration se fait en juin 1991, quelques jours avant l'ouverture du 7e Symposium sur l'étude des vertébrés inférieurs. Cet événement majeur réunit 60 paléontologues de 14 pays. Le président d'honneur du Symposium de Miguasha est alors Erik Jarvik. Le grand spécialiste de l'*Eusthenopteron foordi* est alors âgé de 83 ans.

Enfin, le 4 décembre 1999, le Comité du Patrimoine mondial inscrit le parc national de Miguasha sur la liste du Patrimoine mondial de l'UNESCO.

Un écrin pour le patrimoine scientifique

Depuis 25 ans, tous les visiteurs sont unanimes sur la beauté du site. Adossé à la montagne, le parc s'ouvre sur l'estuaire de la rivière Restigouche, tout près de l'endroit où la rivière devient baie des Chaleurs.

Sur la pointe de Miguasha, le parc fait partie de l'un des plus beaux paysages de la Gaspésie maritime. Avec une superficie de moins d'un kilomètre carré, il s'étire en une mince bande de deux kilomètres sur la falaise fossilifère. Avec sa hauteur maximale de 30 mètres, elle renferme la Formation d'Escuminac, datée de 370 millions d'années, qui constitue l'essence même du parc.

Le patrimoine scientifique du parc de conservation de Miguasha possède une grande richesse. À ce jour, la Formation d'Escuminac a livré quelque 20 espèces de poissons, plusieurs invertébrés et une dizaine d'espèces de plantes fossiles. Les poissons représentent cinq des six grands groupes de poissons qui vivaient au Dévonien. Ce qui en fait l'un des sites les plus représentatifs, à l'échelle de la planète, de cette période de l'Âge des poissons.

La notoriété du site de Miguasha repose également sur la qualité de conservation des fossiles. Un relevé, effectué en 1998, a permis d'inventorier plus de 14200 fossiles provenant de la falaise gaspésienne. La moitié est conservée dans la collection du parc, alors que l'autre moitié se trouve dans les collections de 33 musées, universités et centres de recherche de neuf pays.

Et les fossiles de Miguasha jouissent d'une grande réputation. Non seulement on y trouve des spécimens complets – des spécimens fossilisés en trois dimensions – mais également des parties molles fossilisées comme du cartilage, des excréments, des empreintes de branchies ou des traces de digestion.

Portrait d'espèces

Pour avoir un aperçu de la richesse fossilifère, il faut faire connaissances avec certains spécimens. Tout, d'abord, on rencontre les agnathes, des poissons sans mâchoires, représentés par quatre espèces. Les agnathes sont les plus anciens vertébrés apparus dans l'évolution des espèces, il y a plus de 450 millions d'années.

Puis, on découvre les placodermes, des poissons à carapaces osseuses qui abondaient dans les eaux dévoniennes. Ils sont au nombre de deux, soit *Bothriolepis canadensis* et *Plourdosteus canadensis,* et ont complètement disparu à la fin de la période.

Quant aux acanthodiens, des poissons de petite taille munis d'épines rigides ventrales et dorsales, ils sont au nombre de quatre et, comme les placodermes, ont complètement disparu à la fin de cette période.

Le poisson *Cheirolepis canadensis,* le seul actinoptérygien de la Formation d'Escuminac, figure parmi les représentants les plus primitifs de ce groupe. Il a développé la nageoire à rayons. Ce groupe représente l'une des grandes réussites de l'évolution puisque, aujourd'hui, il réunit plus de 25000 espèces de poissons, incluant le saumon, la truite, la morue, etc.

Le site de Miguasha a livré neuf espèces de poissons sarcoptérygiens, dont le célèbre *Eusthenopteron foordi.* D'une importance capitale dans l'évolution, il a assuré la transition entre le milieu aquatique et le milieu terrestre chez les vertébrés. Doté de poumons et de structures osseuses dans les nageoires paires, ce poisson a permis de comprendre comment s'est opérée cette transition. Ce groupe est aujourd'hui représenté par les coelacanthes et par les poissons à poumons vivant en Afrique, en Amérique du Sud et en Australie.

Et au sein de ce groupe, le poisson *Elpistostege watsoni* constitue une énigme avec son crâne très évolué s'apparentant aux premiers animaux à quatre pattes. Par contre, on n'a jamais retrouvé ses nageoires. Avait-il des nageoires ou des pattes? Ou des nageoires en transition? Mystère!

La faune d'invertébrés de Miguasha comprend aussi le *Petaloscorpio bureaui,* l'un des plus vieux scorpions terrestres connus pouvant atteindre 30 centimètres de longueur. Des scorpions aquatiques, des euryptérides d'un mètre de long, figurent parmi les sept autres espèces d'invertébrés de la Formation d'Escuminac.

Enfin, une dizaine d'espèces de plantes fossiles sont également présentes, de même que 88 espèces de spores. Le genre *Archaeopteris* composait les premières forêts du Dévonien. Atteignant sept mètres de haut, cette plante est considérée comme un chaînon entre les véritables fougères et les conifères et arbres à fleurs.

Une connaissance à transmettre

Rébarbative, la paléontologie me direz-vous? Détrompez-vous, des centaines de milliers de visiteurs de tout âge ont fait halte au Musée d'histoire naturelle depuis 1978. À travers les visites guidées et les causeries, ils ont ainsi découvert l'univers scientifique de Miguasha.

Tradition maintenant bien ancrée, la vulgarisation anime, depuis 25 ans, le quotidien du parc. À l'heure des grands changements technologiques, le parc de Miguasha privilégie encore la transmission de la connaissance par un contact privilégié entre le guide et le visiteur. Et tout comme aux premières heures du musée, le personnel transmet les connaissances les plus récentes des recherches s'appuyant sur une constante formation et des contenus d'interprétation renouvelés régulièrement.

L'année 2003 a été également l'occasion d'inaugurer un tout nouveau musée. Celui-ci est doté d'une nouvelle exposition permanente, d'une salle d'exposition temporaire et d'un centre de recherche. Cette nouvelle exposition témoignera des 120 ans de recherches menées sur les poissons et les plantes fossiles de Miguasha.

Depuis décembre 1999, **Paul Lemieux** occupe la fonction de directeur adjoint du parc national de Miguasha, où il est entré en 1989, à titre de coordonnateur du Symposium international de Miguasha, un événement scientifique majeur tenu en juin 1991. Par la suite, ce Gaspésien d'origine a occupé la fonction de responsable du service à la clientèle et des communications au parc. De 1996 à 1999, profitant d'un congé sans solde, il a vécu une expérience de travail de 3 ans en milieu autochtone à titre de rédacteur en chef d'un site Internet de référence sur les Premières Nations du Québec.

Détenteur d'un baccalauréat en histoire de l'Université du Québec à Rimouski, Paul Lemieux a œuvré durant de nombreuses années dans le domaine des communications, en tant que journaliste, rédacteur d'un magazine et agent d'information dans le réseau de la santé au Québec.

Quatrième partie

La science dans les musées

Le Centre des sciences de Montréal : Enfin !

Récit un peu échevelé d'une très sérieuse entreprise
à partir des souvenirs de sa vaillante équipe
et d'une antique disquette.

Annick Poussart

Il est onze heures moins une au cadran du quai de l'Horloge du Vieux-Port de Montréal. Ce 1er mai 2000, le Centre iSci étincelle au soleil sur le quai King-Edward et des centaines d'invités se pressent vers son hall d'accueil pour l'inauguration officielle. «Alors, Claude, tu l'as eu, finalement, ton musée de sciences?» Et le même interlocuteur d'ajouter: «C'est incroyable, elle l'a fait!».

«Claude», c'est nulle autre que Claude Benoit, directrice du Centre des sciences de Montréal – le nouveau nom du iSci – et personne clé de la patiente genèse de ce nouveau lieu d'exploration.

Transportons-nous en 1997, alors que Claude Benoit vient d'accepter de diriger la mise en œuvre d'un musée de sciences à Montréal. Ce projet est alors accueilli par la communauté de la culture scientifique et technique avec un scepticisme général, quoique compréhensible. C'est la quatrième fois en 20 ans qu'un tel projet prend la ligne de départ depuis que le vulgarisateur Fernand Seguin réclamait la création en 1979 d'un «Musée national des Sciences et de la Technologie» à Montréal.

Laissez-moi vous rafraîchir la mémoire, puisque j'ai eu le plaisir d'être associée à trois des projets en question. Courte pause, pendant laquelle je retrouve – sur une disquette si ancienne que je dois brancher un vieux Mac pour la lire! – les repères historiques qui vont initier le Centre des sciences de Montréal.

Le Centre des sciences de Montréal, quai King-Edward, dans le Vieux-Port de Montréal.

Au commencement était un rêve

Nous sommes en 1983. Le ministère de la Science et de la Technologie du Québec vient de créer la Société de la Maison des Sciences et des Techniques. Ce qui soulève bien des espoirs. L'année suivante, la Société confie à Claude Benoit la charge d'en concrétiser la programmation.

Issue des milieux de l'enseignement et du loisir scientifique, Claude Benoit vient de diriger la conception et la réalisation du pavillon H_2O à Québec. Cette exposition scientifique et technique a séduit les foules par l'accessibilité des contenus, l'interactivité et l'animation.

Été 1987, dans le Vieux-Port de Montréal. Un an après l'exposition *Images du futur*[1] et quelques jours après l'annonce de l'abandon du projet de la Maison des Sciences et des Techniques par le nouveau gouvernement, *Expotec* ouvre ses portes sur le quai King-Edward de Montréal.

En quatre mois, 300000 visiteurs franchissent ses tourniquets pour y voir une exposition sur le thème de l'holographie. Jusqu'en 1996, neuf éditions d'Expotec aborderont des thèmes aussi divers que la santé, la musique, les inventions, l'électricité, l'évolution, la

1. *Images du futur* avait offert, à 60000 personnes, une alliance audacieuse de l'art et des nouvelles technologies. Une initiative d'Hervé Fischer.

chimie, les sports – à deux reprises, dont l'une réalisée par GSM Design – et les communications.

La formule «Expotec» repose sur la triade sciences/techniques/société. Ce sera un formidable banc d'essai pour le futur Centre des sciences de Montréal. Ces expositions, livrées clés en main par la firme de muséologie *Métamorphoses Claude Benoit,* sont essentiellement financées par des entreprises privées convaincues de la pertinence de présenter au public les sciences et les technologies d'ici. Elles renforceront l'intérêt de ce public à l'endroit des sciences par une muséologie imaginative laissant une large part à l'animation.

Expotec mise en effet sur la présentation de principes scientifiques par des interactifs invitant à toucher et à expérimenter mais aussi sur l'exposition d'objets de collection et de produits d'avant-garde. L'interprétation est simple et accessible. Et la présence d'animateurs permet d'offir des démonstrations, de répondre aux questions – et d'en susciter d'autres – car rien ne vaut un humain pour en faire vibrer d'autres!

Et c'est un succès. Certaines éditions attireront plus de 350000 personnes! Claude Benoit y observe les réactions du public tout en continuant de rêver à un musée de sciences permanent et installé dans un espace aménagé à cette fin.

En 1989 naît le projet du Carrefour des Sciences, des Techniques et de l'Industrie de Montréal. Car les milieux universitaires et industriels s'avèrent plus convaincus que jamais de l'importance de doter Montréal d'un musée des sciences et des techniques.

La Loi C-12 engendre en 1990 la Société du Musée national de la Science et de la Technologie. En plus de prévoir l'affiliation de musées à travers le Canada, elle sert de support à la mise en œuvre du projet du Musée des sciences et des techniques à Montréal (MSTM). C'est ainsi que Communications Canada reprend le flambeau du Carrefour. De son nouveau parent fédéral, le futur musée reçoit la responsabilité de préserver et de mettre en valeur le patrimoine scientifique et technique canadien.

Consultés, les universités, les centres de recherche, les industries et les organismes de culture scientifique et technique sont unanimes: «Cessons de parler de ce musée. Faisons-le!»

Une fois de plus, la mise en œuvre semble irréversible. Les études et les inventaires préparatoires sont réalisés. Près de 60 sites potentiels sont étudiés. Sous la coordination de Claude Benoit, l'avant-projet complet, avec budgets et programmation, est déposé. Le Comité consultatif le reçoit favorablement et recommande d'ériger le futur musée sur la jetée King-Edward. Le site est déjà de propriété fédérale et connaît un fort achalandage du parc urbain du Vieux-Port. Pourtant, et une fois de plus, le projet sera suspendu.

Il faudra attendre six ans pour que le gouvernement fédéral décide de relancer l'aménagement d'un musée de sciences sur la jetée King-Edward. Pour diriger le projet, Claude Benoit est de nouveau sollicitée. La nouvelle directrice générale du Musée McCord d'histoire canadienne et vice-présidente de la programmation à la Société du Vieux-Port de Montréal (SVPM) reprend donc son bâton de pèlerin.

Pour commencer, Mme Benoit entreprend une tournée de consultation. Tout ce que le Québec compte d'acteurs tenaces de la culture scientifique et technique participe à l'une ou l'autre de ces rencontres! Mission, objectifs, clientèles sont définis sans attendre: le «centre de sciences» sera un équipement public accessible au plus grand nombre. Il s'adressera aux enfants, aux adolescents et à leurs parents ainsi qu'aux enseignants et à leurs élèves, sans compter les touristes de passage. On présentera les sciences et la technologie d'ici et on y offrira des services éducatifs et d'animation culturelle.

Claude Benoit engage des collaborateurs dont elle connaît l'expérience, la polyvalence, le sens de l'équipe et la résistance au stress: Carol Pauzé, Benoit Légaré, Louise-Julie Bertrand, Michel Groulx, Elisabeth Warren, etc. Et ceux-ci s'entoureront d'adjoints tout aussi enthousiastes. La petite équipe interne comptera huit personnes qui travailleront à la mise en œuvre du Centre et des expositions; sans compter l'aide externe de consultants.

Les membres de l'équipe commencent par aller voir ce qui se fait ailleurs. Les études sont rafraîchies. Pour bâtir un musée, cela prend de l'argent. Pour que le projet puisse se rendre à l'inauguration, il faudra trouver 15 millions de dollars de fonds privés, en plus des 29 millions d'investissement promis par le gouvernement fédéral.

Une campagne de financement majeure

Une importante recherche de partenaires s'engage. Et la mission de l'institution, essentiellement éducative, est mise de l'avant. Le musée visera à développer une meilleure culture scientifique chez le public et à intéresser les jeunes aux carrières scientifiques et techniques. Ces arguments de poids portent; tout comme la contribution financière du secteur public qui témoigne de la crédibilité de l'entreprise.

Même la viabilité financière à long terme n'a pas été mise de côté: l'institution entend maximiser son autofinancement en favorisant des revenus commerciaux. Outre les salles d'exposition, le public aura accès au cinéma IMAX, à des concessions alimentaires, à des boutiques et à des activités ludo-éducatives, comme le jeu interactif *Immersion.*

Aujourd'hui, trois ans après l'ouverture, Claude Benoit n'hésite pas à dire que ce parti pris aura permis au projet de franchir les récifs sur lesquels se sont échoués les précédents. «Marc Grégoire,

Une vitrine Innovation exposant des produits technologiques de pointe d'ici.

vice-président du marketing à l'époque, avait vu juste. Les partenaires ont accepté de faire confiance au projet parce que la viabilité financière avait été prise en considération.» Avant d'ajouter que cela prenait aussi un bon défenseur du projet: «Jamais nous n'aurions réussi sans Bernard Lamarre, qui a porté le projet et en a fait la promotion sur toutes les tribunes. Il croyait au Centre, dans ses orientations fondamentales comme dans ses défis les plus terre à terre. Il a été un inlassable rassembleur.»

Dans cette recherche vitale de fonds privés, une question majeure demeure. Comment concilier la visibilité des entreprises partenaires avec la liberté d'action de l'institution. L'équipe développe alors une politique tenant compte des objectifs respectifs: depuis l'extérieur du bâtiment jusqu'au cœur des expositions, la visibilité des entreprises s'estompera progressivement en faveur des contenus spécifiques. Les entreprises resteront donc présentes à travers ce qui fait leur excellence et leur succès. Les vitrines *Innovation* exposeront leurs produits innovants. Tandis qu'au sein des expositions, les entreprises participeront à l'élaboration des contenus en déléguant, par exemple, des spécialistes lors de l'idéation, de la validation des interactifs ou de la recherche de visuel.

Nous voilà déjà à l'été 1998 et l'ouverture est prévue en mai 2000. «Quand on regardait les budgets et le peu de temps qu'il restait pour concevoir et réaliser le tout, ça nous donnait le vertige», se souvient Carol Pauzé. Et Louise-Julie Bertrand ajoute: «Chacun de nous s'est dit au moins une fois: qu'est-ce qui m'a pris d'accepter l'offre de Claude?»

LA question: «Comment faire un musée de sciences?»

Moins d'un an avant l'ouverture, il y a encore beaucoup à faire. Une commande incontournable est toutefois en bonne voie: créer des espaces permettant un renouvellement continu des activités. Au terme des consultations, une orientation structurante s'était dégagée: place à la flexibilité. S'il faut parler de musée, ne le chargeons pas du poids du passé par des collections à entreposer ou à exposer à tout prix.

Dans les salles d'exposition du CSM, tout est modulaire.

Cette orientation reprend ainsi un principe conceptuel du précédent projet: «…le MSTM mise sur le renouvellement de ses activités et sur la mise à jour de ses contenus pour vivre au rythme, voire à l'avant-garde, de la société qu'il habite.» Elle tient compte également de la réalité budgétaire. Les ressources disponibles ne permettent pas la construction de réserves, la conservation d'artefacts, d'archives et d'objets techniques.

C'est donc avec le fil tranchant du mot changement que le Centre se dépouille de tout sujet thématique permanent, de tout cloisonnement bétonné, de tout espace à jamais dédié. Le designer principal du projet, Yves Mayrand de chez GSM Design, se souvient. «Il y a toujours une page blanche au début. Cette fois-là, vraiment, tout était possible. C'était à la fois très stimulant et peu évident!»

Douze secteurs de pointe sont identifiés comme autant d'indicateurs de l'excellence des chercheurs et des industries du pays. Ces secteurs sont la santé, l'agroalimentaire, l'habitation, les télécommunications, l'informatique, les médias et le multimédia, les matériaux, les ressources naturelles, les transports, l'aérospatiale, les énergies fossiles et l'énergie électrique. Ils seront traités, avec différents sous-thèmes, dans trois salles aux vues thématiques vastes: le Labo Vie, l'Usine Matière et le Studio Information.

L'expérience sera essentiellement interactive. Chaque sous-thème rassemble trois à quatre îlots – les espaces *Interaction* – qui proposeront trois à quatre activités et un clip sur une carrière associée aux domaines et techniques évoqués. Et d'autres types d'espaces offriront des expériences complémentaires.

Les salles sont conçues comme des enveloppes, capables de se métamorphoser au gré des contenus et activités. Le plancher flottant sera parsemé de filages, de branchements, de tuyauterie permettant d'apporter électricité, eau, air et données informatiques où que ce soit, ou presque. Pas de décors fixes mais des espaces réservés sur le plancher et un objet monumental et déplaçable (tomate géante, maison soufflée en plastique...) pour marquer chaque sous-thème. Les espaces Interaction ne comprennent pas de mobilier intégré, plutôt un système modulaire de plans, pattes et tablettes. Une sorte de mécano sobre et modifiable pour unifier les salles et leur donner l'allure d'ateliers invitants.

Le visiteur n'aura ni parcours obligé ni hiérarchie des messages. Chaque salle s'offrira à l'exploration individuelle, ou familiale, avec une grande diversité des approches: manipulation fine, observation, quiz, mises en situation, jeux informatiques... Cela permettra une expérience personnelle et éclatée, à l'image d'une libre navigation sur Internet.

Dans la même volonté de souplesse et pour s'accorder au design retenu, les traditionnels panneaux d'interprétation seront remplacés par un livret-guide mobile aux allures de gros calendrier de table. Avec ses pages spiralées et sa séquence facile à apprivoiser, il permettra au visiteur de s'approprier l'activité selon la règle d'ACER[2].

2. ACER: en page 1, une accroche (A); en page 2, les consignes (C); en page 3, une explication simple (E); en page 4, une relance (R) vers un fait du quotidien ou une autre activité reliée au sujet.

Inspiré de la formule développée par les questions posées aux visiteurs à l'Exploratorium de San Francisco et par le Centre Science North, à Sudbury, ces outils ont impressionné l'équipe lors de ses voyages exploratoires. Ils offrent un support facile à consulter et peu coûteux à modifier.

La course contre la montre

Le contenu du futur centre sera aussi flexible que les salles. Mais concevoir un interactif n'a rien de simple, alors imaginez quand il faut en mettre en route 144 simultanément! Comment s'y prendre? Faut-il en acheter à d'autres centres de science? De nombreuses questions interpellent l'équipe de production.

Avec les meilleurs concepteurs et chargés d'exposition, c'est le temps de se consulter et d'élaborer des propositions. Certaines activités pressenties survivent, beaucoup tombent, d'autres surgissent au détour d'une lecture stimulante. Bref, le développement de chacune est une aventure.

Une partie de l'équipe de mise en œuvre du CSM, le 1er mai 2000 en début de soirée. Cernés mais souriants!

MM. Jean Chrétien et Bernard Lamarre inaugurent le Centre des sciences de Montréal.

Une centaine d'activités formeront la mouture inaugurale. À côté des interactifs mécaniques, le multimédia et l'audiovisuel occupent une place de choix: 17 jeux informatiques inédits sont développés auxquels s'ajoutent des DVD interactifs, les clips métiers, des bandes sonores... L'équipe a engagé un petit noyau de rédacteurs, traducteurs, illustrateurs, scénaristes, réalisateurs et fabricants disposés à soutenir le rythme infernal de production sans sacrifier à la qualité.

Elle s'adresse aussi à des spécialistes externes – praticiens, chercheurs en entreprises, universitaires – qui acceptent de conseiller, de fournir les informations les plus récentes sur un sujet, de valider les textes ou les interactifs... le plus souvent bénévolement. Les remerciements ont peut-être atteint ici un record!

En novembre 1999, une nouvelle tombe comme une tonne de briques: il manquera 3 millions au budget final. Et bien sûr, la date d'ouverture reste inchangée. Les six derniers mois précédant l'ouverture ressemblent alors à un «sprint-marathon» – une épreuve combinée fréquente en muséologie. «Jamais nous n'y serions arrivés sans les consultants», souligne Louise-Julie Bertrand.

Au jour dit, le 1er mai 2000, le Centre iSci ouvre ses portes. Une inauguration qui réjouit Bernard Lamarre, Claude Benoit et toute l'équipe du Vieux-Port de Montréal. Et avec eux, tous ceux qui rêvaient pour le Québec d'un équipement majeur de diffusion en sciences et en techniques.

Plaire aux visiteurs

Durant sa première année, le Centre iSci accueille 465000 visiteurs! La deuxième année, cependant, la fréquentation diminue de 39%. L'effet de nouveauté passé, il faut retrousser les manches et améliorer le produit pour séduire de nouveau les visiteurs. Tout d'abord, en les écoutant. L'équipe de marketing met donc sur pied des groupes de discussion et procède à des sondages. Ceux-ci seront riches d'enseignement.

Il faut revoir le positionnement et mieux définir des axes de communication. En tout premier lieu, on change le nom de l'institution pour Centre des sciences de Montréal. Dans un deuxième temps, le Centre fait appel à un porte-parole bien connu – Jean-René Dufort – chargé d'incarner les valeurs et l'approche de l'institution dans des campagnes publicitaires. Parallèlement, l'équipe de la Programmation profite de cet exercice pour revoir ses produits et services.

Au départ, tout a été mis en œuvre pour que le visiteur accède facilement aux activités. Mais il devait fournir un certain effort pour profiter pleinement de la visite des salles d'exposition. Carol Pauzé, responsable des expositions, explique. «Chez nous, tout n'est pas mâché, expliqué, cerné. Le visiteur entre dans une salle où il n'y a qu'un minimum de repères, une invitation à explorer. Le visiteur peut choisir de s'approcher des tables d'activités, de s'asseoir, de lire ou non les consignes, de jouer avec l'interactif, d'en explorer les possibilités. Le visiteur type n'existe pas!»

La clientèle première du Centre des sciences de Montréal: les enfants!

Une démonstration de robots lors de Robofolies, un événement en voie de devenir un rendez-vous traditionnel de la Semaine de relâche.

Lorsque parent et enfant se présentent ensemble, les choses se corsent. «Le parent n'a même pas le temps de regarder les instructions que l'enfant est déjà parti fouiller autre chose. Cependant, le Centre est très apprécié des jeunes. Ils reviennent avec un plaisir évident, s'installent spontanément devant un interactif. Qu'ils lisent ou pas, ils passent parfois des heures dans une même salle. C'est sans doute là l'une des grandes réussites du concept exploratoire osé par le Centre.»

Les activités qui fonctionnent le mieux, reprend Carol, sont celles dont l'utilisation est évidente. «Nos bicyclettes génératrices sont toujours pleines: jeunes et adultes pédalent comme des fous pour essayer d'alimenter en électricité jusqu'au dernier appareil de l'échafaudage.»

Forte des échanges avec les visiteurs, l'équipe a adapté ses expositions permanentes, produit dorénavant deux fois par année des expositions temporaires et vient de lancer une programmation d'actions culturelles et éducatives. Ainsi, l'espace d'une salle permanente comprend aujourd'hui une salle d'exposition temporaire et une salle dédiée aux tout-petits, le Château de Dynamo destiné aux 3-5 ans.

Les deux salles permanentes restantes ont subi un rafraîchissement (création de décors, accentuation de coloration). On a conservé les interactifs les plus populaires et retranché certaines activités sur écran. L'actuelle salle *Eurêka!* traite de santé, d'habitat, de la matière, des ondes et des forces, tandis que la salle *Technocité* explore l'énergie et les ressources, la communication et l'information, la conception et le développement, l'informatique et la robotique. Les deux salles renferment également les interactifs les plus populaires de la *Physique insolite* et d'autres expositions temporaires.

Et du côté de l'animation culturelle, les robots de l'événement Robofolies enchantent les familles et les groupes scolaires depuis deux ans. Le résultat ne s'est pas fait attendre, l'achalandage a atteint 467319 visiteurs en 2002. À ce jour, plus de 1350000 visiteurs, dont de nombreux groupes scolaires, ont franchi les portes du Centre de sciences de Montréal. Faites comme eux: vous serez bien reçus!

Claude Benoit est présidente et chef de la direction de la Société du Vieux-Port de Montréal et directrice du Centre des sciences de Montréal, un projet de 49 millions de dollars qui a ouvert ses portes en mai 2000. Elle est responsable de la conception, de la mise en œuvre et de l'exploitation de ce carrefour des sciences et de l'industrie, une composante majeure de l'important complexe récréo-éducatif qu'est le Vieux-Port de Montréal.

Elle a dirigé l'équipe du Musée McCord de Montréal de 1994 à 1997. Sa formation en biologie et en éducation et son sens de l'entrepreneurship et de l'innovation lui ont permis, au sein d'entreprises dynamiques comme Lavallin inc., la Ville de Montréal et sa propre entreprise Les Productions Métamorphoses inc. de participer au développement et à la réalisation de projets muséologiques majeurs qui caractérisent de façon unique le Québec d'aujourd'hui: Biosphère, Jardin botanique de Montréal, Cosmodôme, Biodôme, Parc des Îles, Expotec 88 à 94, Insectarium, Les fêtes de Québec 1534-1984, Musée de la Civilisation, Pointe-à-Callières, Musée d'archéologie et d'histoire de Montréal, Musée des sciences et des techniques à Montréal.

La science, 100 % réalité

Le Centre de démonstration en sciences physiques (CDSP)

Yvon Fortin,
avec la collaboration d'Annick Poussart

Depuis peu, la télé-réalité est à la mode. La réalité tout court, elle, ne se démodera jamais! À Québec, le Centre de démonstration en sciences physiques (CDSP) propose à tout individu ou groupe intéressé, d'*observer* directement cette réalité afin de mieux accéder aux concepts et principes scientifiques qui s'y «cachent» et d'ainsi développer le désir, et le plaisir! de mieux *regarder* et *comprendre* le monde qui nous entoure.

Logé et rattaché au Collège François-Xavier-Garneau tout en œuvrant sur le plan régional, québécois et international, le CDSP[1] s'est donné pour mission de *faire le pont entre les sciences physiques, leurs applications et leurs utilisateurs* en recourant principalement au *montage de démonstration.* Un outil de communication scientifique presque aussi ancien que la science elle-même, mais qui reste d'une efficacité peu commune pour illustrer des concepts de façon accessible, concrète et dynamique, notamment dans le cadre de « conférences-démonstrations», un concept développé au Centre au fil des ans et qui met en présence un animateur, du public, des montages... et la science.

Même si l'on peut aujourd'hui réaliser de très belles simulations sur ordinateur, rien de tel que d'observer, toucher, sentir, manipuler, expérimenter pour faire le lien entre théorie et réalité. En outre,

1. Qui a failli s'appeler CDESP, pour Centre de démonstration et d'expérimentation en sciences physiques, mais l'acronyme aurait été bien long.

observer un phénomène «pour de vrai», comme dirait un enfant, a quelque chose de fascinant et d'unique. Ainsi, la plus belle image de la Lune n'égalera jamais la sensation éprouvée à l'observer soi-même. Faites-en l'expérience : sortez dans la rue avec un petit télescope pour regarder la Lune rougir par soir d'éclipse et, inévitablement, des passants vous demanderont la permission d'y jeter un œil. L'attraction qu'exerce la réalité n'a rien à envier à celle du virtuel.

Si le CDSP ne permet pas d'aller sur la Lune, il veut être lui-même, en quelque sorte, un «télescope» mis entre les mains des jeunes (élèves du primaire, étudiants au secondaire, au collégial et à l'université), des enseignants, du grand public, des travailleurs, des décideurs, pour :

- qu'ils accèdent de façon conviviale et efficace à des concepts fondamentaux, même sans avoir de formation préalable,
- qu'ils découvrent la science présente au cœur du quotidien,
- qu'ils éveillent leur curiosité et leur sens critique face aux sciences,
- qu'ils éprouvent à quel point la réalité peut être fascinante et passionnante à étudier!

Inauguré en 1998, le CDSP a déjà une feuille de route encourageante, et les jours y filent souvent à un rythme un peu... fou? Mais après tout, il en a l'habitude. Car juste pour le mettre sur pied, il a fallu bien de l'énergie et de l'aide. Pour revivre brièvement son histoire, reculons dans le temps, l'écriture offrant à cet égard des pouvoirs que la physique n'a pas, du moins dans l'état actuel des connaissances.

De la salle de cours à un amphithéâtre peu banal

Il aura fallu un peu plus de dix ans pour que le CDSP devienne lui-même, en 1998, 100% réel.

En 1986, alors que j'enseigne la physique au Collège Garneau, je déplore de ne pouvoir, faute de local et de matériel adéquat, *démontrer* à mes étudiants les expériences d'Œrsted ou de Faraday, le concept de résonance et bien d'autres encore, comme ils mériteraient de l'être.

Car comme je l'ai vérifié plusieurs fois, avec les moyens du bord, l'effet d'une démonstration est immédiat: les étudiants, en *voyant* ce qui se passe, sont intéressés. La démonstration ne leur permet évidemment pas de comprendre d'emblée le concept en cause. Pour cela, il leur faudra travailler passablement! Mais elle fixe dans leur mémoire des comportements de la matière, des phénomènes, des observations auxquels ils pourront se référer dans ce travail qui les attend, images mentales frappantes et marquantes, parce que correspondant à une expérience vécue, et bien plus éloquentes que les seuls schémas techniques.

Je me prends alors à rêver. Si seulement il était possible de faire des montages démontrant des principes et concepts, et de les présenter aux étudiants dans un local conçu pour cela... Car même s'il y a des laboratoires de physique au Collège, ils sont réservés aux expériences prévues au programme et ne sont pas aménagés pour que *tout* un groupe puisse y profiter d'une démonstration dans de bonnes conditions d'observation et d'écoute.

Parlant à mes collègues du département de l'utilité qu'offrirait un tel local équipé sur mesure, je constate qu'eux aussi ont le rêve facile! Un autre professeur de physique, Jacques Rondeau, m'offre alors de m'aider à définir ce «centre de démonstration». En janvier 1988, nous adressons une lettre à la direction pour demander un tel local. En juin suivant, nous allons visiter, au Collège universitaire du Maryland, un endroit visant des objectifs analogues et qui, même s'il est beaucoup plus vaste et moins axé sur la conception que ce à quoi nous songeons, confirme la pertinence et le fort potentiel pédagogique d'un tel équipement. Dans notre rapport de visite, nous ferons aussi valoir le fait que même si le Collège est alors en plein virage technologique, et c'est heureux, il ne faudrait pas se contenter d'associer «technologies nouvelles» à «ordinateur»: l'enseignement des sciences fondamentales doit pouvoir explorer de nouvelles pratiques pédagogiques. En outre, un tel centre de démonstration, qui serait unique au Québec, permettrait de soutenir un enseignement de qualité tout en contribuant à la réputation de notre institution.

En 1990, je suis libéré pour préparer une étude de faisabilité du projet: historique, orientations mission, objectifs, clientèles, activités, tout le potentiel du lieu y est décrit. Le CDSP sera avant tout un lieu de *formation*, dédié à l'enseignement de la physique au Collège tout en étant utilisable par des professeurs d'autres disciplines. Il pourra aussi étendre ses services à des clientèles externes: enseignants et étudiants d'autres établissements et niveaux scolaires, entreprises, grand public, notamment par le biais de «conférences-démonstrations». Mon collègue Rondeau se joint à moi pour déposer un programme architectural et un budget préliminaires. Nous proposons ainsi une salle pouvant accueillir 90 personnes environ, avec zone de démonstration sur plateau tournant, équipements de projection, atelier de fabrication et espaces d'entreposage.

Le projet est en route. Cependant, il faudra attendre sa réalisation bien des années encore: l'argent manque. Années néanmoins fort utiles puisque de 1988 à 1998, j'ai l'occasion de «tester» sur le terrain, avec des moyens limités mais riches d'enseignement, le potentiel du CDSP dans à peu près tous les contextes qu'il souhaite desservir. Voici quelques exemples:

- Des rencontres avec les responsables d'une usine de papier de Portneuf conduisent à offrir à leurs travailleurs, selon des approches et des moyens qui tiennent compte de leur profil et dans un contexte de modernisation des équipements, une formation sur les notions de physique liées à la fabrication de la pâte.
- Une consultation pour Garneau International permet de développer pour des techniciens en réadaptation physique du

Cambodge, pays où des mutilations surviennent à cause de mines antipersonnel, des activités pédagogiques basées sur l'expérimentation, qui rendront plus concrètes des notions de biomécanique, d'électricité et de physique des ondes.

- Lors de divers congrès de l'Association des professeurs de science du Québec, l'offre d'ateliers me fait constater que l'utilisation de montages et le concept de conférence-démonstration peuvent intéresser grandement le milieu enseignant.
- En muséologie scientifique, une collaboration à *Expotec 92* (sur la musique) dans le Vieux-Port de Montréal, et la conception-réalisation de *Eurêka, la physique c'est renversant!* dans le Vieux-Port de Québec me font observer les réactions très positives du public à des montages interactifs visant la démonstration et l'expérimentation de principes scientifiques. J'entre aussi en contact avec des musées de science en Europe et aux États-Unis, notamment lors de la première édition à Boston du concours des musées de science organisé par l'Optical Society of America, avec un montage sur la résonance, et pour un événement au Muséum d'histoire naturelle de Lyon.

De façon unanime, les commentaires exprimés sur l'approche par démonstration et le projet du CDSP sont très encourageants. Toutefois, trouver l'argent reste toujours aussi difficile.... jusqu'à ce qu'un autre complice des premières heures, Michel Bergeron, suggère de présenter le projet à Pierre Mainguy, qui est de retour à l'enseignement après avoir été pendant plusieurs années conseiller municipal à Québec. Saisi de la chose, celui-ci se montre immédiatement enthousiaste. Peu de temps après, nous voici une dizaine de personnes autour d'une table, qui sont pour la plupart des décideurs politiques et universitaires impliqués dans le développement de la région de Québec.

Dès lors, tout s'accélère (c'est Newton qui serait content!). Le Collège présente le projet au Conseil régional de concertation et de développement de la région de Québec puis au Sommet économique de l'automne 1997 à Montréal. Le CDSP étant alors reconnu en tant que projet de caractère innovateur et à forte valeur ajoutée, un financement est obtenu du CRCDQ et du ministère de la Culture et des Communications, fonds qui s'ajoutent aux investissements initiaux du Collège et de la Fondation du Collège. Avec un budget global d'un peu plus d'un million de dollars, les travaux peuvent commencer.

Nous sommes à l'été 1997. Grâce à la collaboration de départements qui acceptent de relocaliser leurs ateliers, alors que l'espace est rare et précieux dans un collège qui accueille certaines années jusqu'à 6000 étudiants, le CDSP occupera une partie d'un ancien gymnase, vaste volume dont l'importante hauteur libre et la structure du plafond constituent des atouts de taille. D'autres espaces lui sont aussi attribués.

Six mois plus tard, le dernier clou est posé, et au printemps 1998, c'est l'inauguration.

Des espaces dédiés et conçus sur mesure

Au CDSP, tout a été rêvé et réalisé pour que la science puisse être observée comme il ne serait pas possible de le faire normalement. Dans un tel espace, on peut parfaitement imaginer, par exemple, qu'un spectateur se fasse pendule vivant pour une mesure en direct de la période d'oscillation, de la vitesse, de l'accélération et des forces en présence!

L'amphithéâtre proprement dit, lequel voisine le Département de physique dans le pavillon d'accueil du Collège, tient à la fois de la salle de cours universitaire du 19e siècle et des moyens techniques du 21e siècle.

- Les sièges, qui peuvent accueillir 98 personnes, sont montés sur des gradins entièrement rétractables, ce qui permet, lorsque désiré, d'utiliser une plus grande surface de plancher ou sa totalité (400 m^2).
- Même les spectateurs à l'arrière sont aux premières loges, grâce aux bons angles de vision et à une caméra orientable au plafond, avec zoom, qui peut retransmettre en direct sur grand écran une manipulation fine ou montrer en plongée le déplacement d'un objet à travers le quadrillage dessiné au plancher. Notons que cinq autres caméras sont branchées dans la salle et qu'on pourrait en installer d'autres si nécessaire.

- Dominant la zone de démonstration, deux grands écrans (projection arrière sur écran lenticulaire) autorisent beaucoup de latitude dans la présentation: ainsi, un gros plan de la manipulation (ex. montage sur la réfraction) peut être montré sur un écran pendant que sur l'écran voisin est projeté le schéma technique correspondant (tracé des rayons lumineux) ou l'image d'un phénomène analogue en nature (soleil couchant).
- À l'avant de la salle, la zone de démonstration comporte, au niveau du sol, une scène circulaire sur plateau tournant, dont le public observe la moitié de la surface pendant qu'à l'arrière, on prépare le matériel pour la démonstration suivante. Cette zone est alimentée en électricité, en eau, en air comprimé et en gaz.
- Une grille technique, libérant une hauteur libre de 7 mètres, une régie technique multimédia, deux postes de travail, un espace pour réunion et une zone d'entreposage complètent les espaces de support.

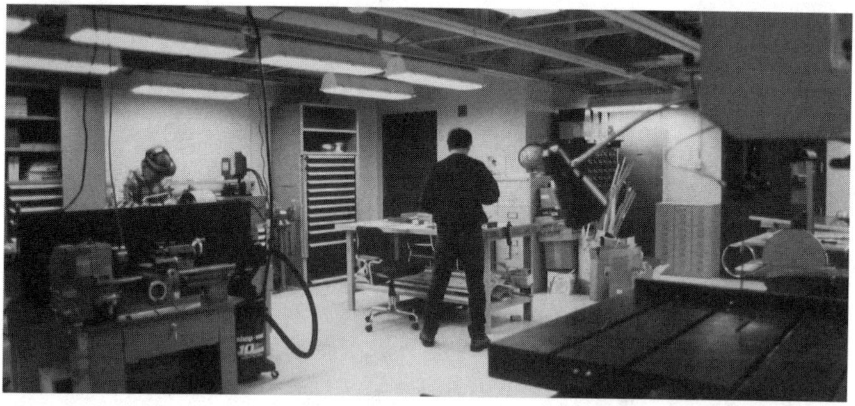

À cela s'ajoute, à l'étage supérieur, un atelier de fabrication comprenant tout l'équipement requis pour le travail du bois, du métal et du plastique.

Au total, le CDSP est ainsi pleinement en mesure de:

- concevoir, élaborer et perfectionner des montages originaux, dont il fabrique des prototypes (volet *conception-production*);
- utiliser ces montages pour animer devant public des démonstrations vivantes, interactives et instructives, selon des approches et des niveaux adaptés aux clientèles (volets *formation* et *vulgarisation*).

Un début de vie bien rempli

Où en est le CDSP près de cinq ans après son inauguration?

En même temps que l'aménagement des locaux se complétait, l'équipe s'est consolidée. Si j'en suis le responsable scientifique, Robert Plamondon, à titre de directeur, voit maintenant à favoriser le développement de projets avec des partenaires et à gérer le CDSP. Le technicien Denis Nadeau assure la fabrication et l'entretien des montages. Par ailleurs, l'enseignant Daniel Rochette, après avoir prêté main-forte au démarrage du Centre, tout comme Michel Bergeron, se joint à l'occasion pour la présentation de conférences-démonstrations. Fait que je tiens aussi à souligner, je suis libéré de mon enseignement pour travailler au CDSP et y donner des présentations grâce à l'appui qu'apporte au projet le Syndicat des professeurs du collège. Autant de collaborations précieuses, pour ne pas dire indispensables!

Et les activités? Tel que prévu initialement, des enseignants de physique du collège utilisent le CDSP, mais aussi, des collègues d'autres départements. Par exemple, j'ai eu le plaisir de mettre en scène la… caverne de Platon et l'expérience de Galilée sur la chute des corps devant des étudiants du cours de philosophie; de démontrer à des étudiants en design intérieur combien la perception des couleurs est affaire d'environnement et d'éclairage; et d'offrir des démonstrations sur la lumière et la perception à des enseignants et étudiants en art et cinéma. Le Département de psychologie a aussi régulièrement recours aux espaces et équipements du CDSP. Des «mariages» *a priori* étonnants, mais extrêmement intéressants, entre la physique et d'autres matières. Les montages conçus pour l'occasion l'ont été à partir des objectifs et contenus pédagogiques identifiés par les enseignants, ceux-ci étant les mieux placés pour cerner les difficultés de leurs étudiants ou leurs propres besoins au regard des concepts à transmettre.

Du côté du réseau scolaire, nous avons offert à ce jour des dizaines de conférences-démonstrations aux jeunes du primaire et du secondaire, sur le son et/ou la lumière. Le CDSP a également mené, avec l'appui de deux ministères, un projet visant à mieux comprendre les raisons du malaise de plusieurs enseignants en science du primaire, et à identifier des pistes de formation susceptibles de les aider en ce sens. Nous sommes aussi partenaires du Service régional d'admission du Québec pour la promotion des carrières scientifiques et techniques auprès des étudiants de 4e et 5e secondaire.

Si nous pensions d'abord nous consacrer *avant tout* à l'élaboration de matériel de formation, les hasards de la vie et… les impératifs d'autofinancement, car le CDSP s'autofinance entièrement, ont fait en sorte que nous travaillons régulièrement pour produire des contenus dans le cadre d'événements publics très variés, en partenariat avec les institutions et organismes intéressés à nos services et à partir des besoins qu'ils expriment. Nous avons ainsi conçu, réalisé, installé et parfois animé des montages pour des expositions scientifiques ou pour mettre en valeur des collections d'instruments scientifiques, par exemple pour le Musée de la civilisation à Québec, le Centre des sciences de Montréal, le Visionarium de Porto et l'Université de Coimbra au Portugal, le Palais de la découverte (Printemps du Québec à Paris), l'École de technologie supérieure à Montréal...

Auprès des entreprises, une conférence-démonstration sur l'atmosphère a permis de sensibiliser des industriels et des décideurs aux principes scientifiques en pleine action juste au-dessus de leurs têtes, ce qui ne peut que les aider à mieux cerner l'ampleur des enjeux actuels en matière d'environnement. Nous collaborons aussi à la programmation d'événements grand public, comme à Expo-Cité, pour une présentation sur la fibre optique, ou dans le cadre de la première édition du Festival d'automne de Québec, qui souhaite présenter la science au public sous un nouveau jour.

Projets diversifiés, donc, mais qui visent un même objectif fondamental: contribuer à développer une meilleure culture scientifique et technique par de la *formation*, clé de l'avenir individuel et collectif et qui peut aussi être source de grandes satisfactions sur le plan personnel.

Des valeurs à maintenir

Quelle sera la suite de l'histoire? Chose certaine, le potentiel d'utilisation d'un lieu comme le CDSP est à la hauteur des besoins en formation et vulgarisation: énorme(s)! Que ce soit pour intéresser les jeunes (dont les filles) aux sciences, pour contribuer à contrer le décrochage, pour améliorer la formation des maîtres, pour permettre à un manutentionnaire de comprendre pourquoi il doit soulever une boîte ou arrimer un chargement de telle ou telle manière, pour aider une entreprise à faire comprendre à ses clients en quoi sa technologie est efficace et innovante, *la démonstration de principes physiques a d'innombrables applications* – et un côté concret, spectaculaire, stupéfiant même parfois, qui a tout pour accrocher l'intérêt et stimuler la compréhension.

Le CDSP reçoit régulièrement des demandes locales, régionales, parfois internationales. Malheureusement, nous avons peu de moyens pour y répondre, au point qu'il serait tentant de dévier de notre mission fondamentale de formation et de céder à la tendance de l'amusement au détriment de la rigueur. Mais ce serait faire fausse route. Même si le défi est grand, il faut réussir à produire du matériel attirant, stimulant, exaltant pourquoi pas, sans jamais délaisser les valeurs simples et fondamentales qui, je le souhaite, animeront toujours le CDSP quels que soient le contexte du projet et l'âge ou la formation des publics: croire d'abord et avant tout à l'*intelligence des individus* et miser sur leur *soif de connaître* pour leur faire accéder un peu plus à l'extrême beauté et à la fascinante complexité du monde réel.

Diplômé en physique de l'Université Laval, **Yvon Fortin** a enseigné pendant 20 ans au Collège F.-X. Garneau et lancé le défi étudiant collégial Science on tourne avant de se consacrer à plein temps au Centre de démonstration en sciences physiques, dont il est l'initiateur, le responsable scientifique et le principal animateur (conférences-démonstrations). Concepteur de nombreux interactifs originaux, dont une cascade de 190 événements ayant pour but de... souffler une chandelle, il est un conférencier recherché au Québec et sur la scène internationale en muséologie scientifique et en interactivité. Il collabore régulièrement à des événements et à des expositions à caractère scientifique, ici et en Europe (Cosmodôme de Laval, Centre des sciences de Montréal, Palais de la découverte à Paris, Visionarium de Porto, etc.). En 1995, l'Association canadienne des physiciens et des physiciennes le nommait Professeur de physique de l'année pour le niveau collégial, en reconnaissance de son travail comme enseignant et de sa contribution à la diffusion de la culture scientifique.

Muséobus, le musée qui vient à vous

Odette Gariépy,
avec la collaboration de
Joanne Watkins,
de l'Économusée de la broderie

Après plus de 200000 kilomètres à travers toutes les régions du Québec, ainsi qu'en Ontario et au Nouveau-Brunswick, le Muséobus a laissé sa trace dans le cœur de bien des gens dans leur village, leur école ou sur le site d'une grande fête populaire.

Ceux qui s'y sont frottés, en visitant ses installations ou en y travaillant, ont découvert une formule unique au Québec. C'est en prenant la route que depuis des années le musée mobile redonne aux jeunes et aux moins jeunes, l'accès à la science.

Un musée avec des roues

L'idée de départ était en effet très simple: puisque le musée gagne à se démocratiser, pourquoi ne pas rejoindre les gens là où ils se trouvent? Le fait de transformer un autobus en salle d'exposition permet de recycler de vieux véhicules. Il offre également un outil dynamique d'animation. Et, ce rejeton d'un autobus scolaire et d'un musée rejoint les curieux des régions éloignées.

Muséobus a démarré de manière artisanale. Sa première exposition remonte à 1985 où même les citoyens du quartier Riviera de Belœil en Montérégie ont mis la main à la pâte. La cuisine tenait lieu d'atelier de fabrication, tout comme le salon et, les jours de soleil, la terrasse extérieure.

Je me souviens encore avec émotion de l'inauguration ainsi que des petits minois ébahis pénétrant dans l'autobus-musée. Ces moments marquent longtemps la mémoire des gens qui les ont vécus!

La deuxième expo *La Science au quotidien* (1989) se montait en une heure et demie avec l'aide de quatre personnes. L'équipe assemblait une installation complexe composée d'un auvent et d'un tapis, de 25 panneaux d'exposition extérieurs et de plusieurs modules interactifs. Les jeunes visiteurs passaient ainsi à travers quatre thèmes différents: les machines simples, l'électricité, la météo et la pollution. Les visiteurs faisaient un parcours à travers l'autobus exposition pour revivre, en résumé, tous les gestes quotidiens: se lever, tourner la poignée de porte, calculer leur consommation d'électricité à l'heure du déjeuner, sortir les ordures, observer le temps qu'il fait, observer le système d'engrenage de leur bicyclette et plus encore.

Je me rappelle encore du premier réaménagement. Quelques mois plus tard, quelques pintes de sueurs et grincements de dents de plus, l'exposition se déployait à l'intérieur de deux unités mobiles, et ce, à la grande joie des animateurs et des enfants.

Les rouages du musée

Cette idée d'un musée itinérant s'enracine dans le nouveau courant de muséologie. En 1984, l'UQAM accueillait le premier *Atelier international pour la nouvelle muséologie.* Ce colloque réunissait des experts et des intellectuels d'Europe et d'Amérique afin de réfléchir à des concepts jusqu'alors audacieux: accessibilité, originalité, participation des non-initiés, partenariat de développement avec les communautés et les individus.

Cette tendance vise à faire éclater les murs du musée et valorise le rôle social de l'institution. Cette philosophie communautaire et sociale est au cœur de Muséobus. Pierre Mayrand, l'initiateur de cet atelier, en soulignait déjà l'aspect innovateur, et cela bien avant que ce musée ne soit reconnu officiellement.

Un moteur contre l'exclusion

L'équipe de Muséobus parcourt donc la province depuis plus de 15 ans pour former des animateurs scientifiques, animer sur le terrain, et élaborer des concepts de vulgarisation. Ce bouillonnement de création privilégie la simplicité, un équipement pratique et même, des couleurs voyantes pour transmettre les notions scientifiques complexes.

L'accessibilité, c'est aussi rejoindre les personnes exclues de la muséologie scientifique. Ainsi, un des premiers employés du musée était un jeune décrocheur: le côté insolite des installations et le côté hétéroclite du musée lui ont permis de découvrir un milieu de travail enrichissant. Il est aujourd'hui enseignant au secondaire.

De nombreux collaborateurs et employés ont contribué, chacun à leur mesure, au succès de Muséobus. Serge Plante, le jeune décrocheur, qui a développé les premiers scénarios d'animation. Michel Paquette, notre premier designer attitré qui a réalisé plusieurs expositions et qui a contribué avec Brigitte Belleville et Marion Dallaire à développer les savoir-faire en matière de réalisation d'exposition à budget restreint. Jean-Pierre Durvis, notre directeur technique et homme à tout faire qui a contribué par son talent et sa grande disponibilité à élaborer les infrastructures actuelles. Louise-Élaine Arel une bénévole de la première heure qui a pris de plus en plus de responsabilités jusqu'à devenir notre présidente. Et d'autres encore nombreux qui ont formé à travers les ans les équipes successives qui comptent maintenant près de 25 personnes.

La philosophie de l'organisme consiste à bâtir sur les acquis et l'expérience de tous, tout en carburant à la passion.

Aujourd'hui, l'équipe se constitue de jeunes professionnels au début de leur carrière. Muséobus est reconnu comme une entreprise d'économie sociale. Il initie des professionnels au travail communautaire. Et l'équipe accueille toujours des personnes en intégration et des personnes handicapées.

Carburer à la science

Muséobus crée des activités pour sensibiliser les jeunes à l'environnement et au développement durable. Actuellement, le projet *Découvrir le boisé de la Rivière Richelieu* les initie à la sauvegarde de ce milieu fragile et permet l'élaboration de programmes d'interprétation, de sensibilisation, et d'écotourisme. La Municipalité d'Otterburn Park est l'un des partenaires.

La science est un moyen, pas une fin en soi. Les animations scientifiques permettent de sensibiliser les jeunes à leur environnement immédiat pour les responsabiliser. C'est un moyen de former des écocitoyens. Les choix pédagogiques du musée relèvent de l'éducation relative à l'environnement (ERE), une approche qui enseigne aux jeunes un nouveau vocabulaire et des techniques pour s'impliquer et pour agir.

Depuis 1998, la protection et la mise en valeur du boisé des Bosquets se combinent aux expositions scientifiques. Les unités mobiles sont les salles d'exposition et le site forestier propose sa collection vivante et ses réserves ouvertes. L'expression musée à ciel ouvert est si pertinente pour Muséobus que le volet d'activités relié à l'interprétation du milieu forestier s'inscrit aujourd'hui dans la programmation du musée.

Muséobus a connu des années d'intenses activités. L'équipe a réalisé simultanément trois expositions majeures, en plus des activités régulières de diffusion, de la tenue des camps de jour *Science à tout*, de la participation à des dizaines de comités et de la continuelle course au financement.

L'autobus scolaire propose une salle d'exposition hors norme posant de nombreux défis muséographiques, mais cela a nécessité des améliorations techniques. Ainsi, les autobus peints en blanc disposent maintenant d'auvents rétractables. Le matériel d'exposition utilise des matériaux durables, des procédés d'impression adaptés – et résistants à l'humidité – et le tout résiste mieux aux secousses occasionnées par les nombreux déplacements.

Sur les chapeaux de roues

Plusieurs collaborateurs sont rattachés depuis longtemps au Muséobus, tel le mécanicien de nos autobus scolaires recyclés. Donald Boucher participe depuis toujours au choix des véhicules leur accordant un nouveau souffle de vie. Une fructueuse collaboration depuis 1985. Il a ainsi remonté un moteur en une seule fin de semaine, dans des conditions difficiles, pour que l'exposition... se rende à destination.

Sur le plan financier, il a fallu beaucoup de conviction et de ténacité pour affronter l'incrédulité des intervenants. Ils considéraient souvent le Muséobus comme un projet éphémère. Avec le temps, le soutien financier de tous les gouvernements a permis de faire croître un beau *RADIS* (Regroupement pour l'animation et la diffusion d'initiatives socioculturelles); emblème de l'organisme créateur du Muséobus.

De 1991 à 1999, la production d'expositions à budget restreint a permis de développer une expertise et de générer des revenus pour conserver l'équipe polyvalente. Depuis, les efforts se concentrent aussi dans le domaine de la formation auprès des groupes communautaires, notamment par un partenariat soutenu avec le groupe Expo-médiatour, un consortium formé d'organismes franco-ontariens, pour la production d'expositions.

En 2001, Muséobus a reçu le titre de musée québécois reconnu. Cette désignation du ministère de la Culture et des Communications ne garantit pourtant aucun budget de fonctionnement. Ce qui oblige notre organisme à être très créatif dans sa recherche de financement.

Des routes et des rêves

Idéaliste à l'origine, ce désir de posséder une flotte d'autobus-musées s'est aujourd'hui concrétisé: le musée possède quatre unités mobiles. Le souhait de trouver un site naturel pour interpréter le milieu forestier s'est également matérialisé: le site des Bosquets est parfait.

Malgré tout, l'aventure du musée mobile est loin d'être terminée. Plusieurs d'entre nous caressent un autre rêve: s'installer dans un pavillon multi-fonctionnel pourvu d'un immense espace de rangement où chaque chose aurait sa place. Ce site comprendrait également un lieu fermé pour présenter les quatre véhicules d'exposition en dehors des tournées.

Vous l'aurez deviné, l'histoire de Muséobus c'est aussi une affaire de famille. La mienne qui me soutient, m'encourage et qui participe encore au développement de cette belle aventure. Gilles, mon conjoint est le véritable pionnier des tournées puisqu'il a fait, à lui seul, plus de 80% des trajets déjà parcourus.

La famille des autres également: celle des visiteurs qui découvrent un musée accessible et adapté à leurs besoins, celle des employés qui profitent d'un environnement de travail favorisant la combinaison travail-famille, et la vôtre, si vous profitez d'une visite du Muséobus.

Alors, si vous voyez passer un des autobus blancs coiffé de ses auvents rouges dans une rue de votre quartier, sur le traversier entre Godbout et Matane, au crochet d'une remorqueuse dans le tunnel Louis-Hippolyte-La Fontaine ou sur un camion plate-forme en direction du Lac–Saint-Jean, saluez-le ou mieux, arrêtez-le: l'équipe de tournée a sûrement des histoires à raconter.

Merci à ma fille Julie pour ses commentaires judicieux.

Odette Gariépy, M. A., est détentrice d'un bac en histoire de l'art et d'une maîtrise en muséologie de l'Université du Québec à Montréal.

Elle est la directrice fondatrice de Muséobus, le musée de la Famille, de la jeunesse et de la découverte et également co-fondatrice de Montmusée, le Regroupement des institutions muséales de la Montérégie. Enfin, elle est secrétaire du Covabar, un organisme de concertation pour le développement du territoire par bassin versant dans l'esprit du développement intégral des communautés.

Odette Gariépy s'intéresse aux approches nouvelles de la muséologie, à la muséologie communautaire, à l'action sociale du musée ainsi qu'à l'éducation muséale. Elle a été conférencière et formatrice sur ces sujets lors de colloques et de séminaires.

Elle a développé une expertise dans le domaine des expositions réalisées selon une approche communautaire et participative avec différents groupes sociaux et organismes publics.

Elle est partenaire du Consortium Expomédiatour depuis 2000. Elle a préparé et tenu des séminaires et rédigé un guide de formation sur le thème de la Mise en exposition communautaire.

CINQUIÈME PARTIE

La science et les filles

Les Scientifines

Une porte ouverte sur l'avenir pour les fillettes de milieux défavorisés

Jacqueline Bousquet

Pas facile d'intéresser les écolières aux sciences. C'est connu, cette matière a toujours présenté un contenu rébarbatif pour la plupart d'entre elles. Selon les statistiques, plusieurs jeunes filles sont même disqualifiées des domaines de pointe du marché du travail parce qu'elles se désistent des cours de mathématiques et de sciences dès leur adolescence. Cette faible attirance pour les sciences a pour résultat de les éloigner des secteurs les plus rémunérateurs. En devenant une forme de mentorat en sciences pour les fillettes de milieux défavorisés, l'organisme Les Scientifines s'est donc engagé à relever tout un défi.

Ce service est offert principalement aux deux écoles primaires des quartiers Saint-Henri et De la Petite Bourgogne à Montréal. Ce programme parascolaire s'adresse aux fillettes de 9 à 12 ans. Il propose depuis 1987 des activités quotidiennes à caractère scientifique dont les ateliers se déroulent après les heures de classe. Chaque session se fait en deux temps: les participantes effectuent d'abord leurs devoirs sous la supervision d'intervenantes-animatrices, pour ensuite se consacrer aux différents ateliers scientifiques. La période des devoirs varie de 45 minutes à une heure, selon les besoins. Une fois complétés, les travaux sont ensuite inscrits dans les carnets de devoirs des élèves. Celles qui ont bien travaillé reçoivent une estampe ayant la forme d'un atome en guise de récompense. Ces estampes sont ensuite accumulées pour être échangées contre des prix lors d'un encan mensuel. «Ce système d'émulation mis en place il y a quelques années dans le but d'encourager les participantes à bien faire leurs devoirs, à participer aux activités proposées et à se comporter de manière respectueuse, est la démonstration que nous essayons de trouver des moyens positifs pour encourager les jeunes à une participation significative» mentionne Danielle Brouillard, directrice générale des Scientifines.

Les activités scientifiques et technologiques débutent après une collation qui est donnée aux élèves lorsque la période de devoirs est terminée. Ces ateliers portent sur la chimie, la physique, la biologie, les mathématiques et les nouvelles technologies de l'information et de la communication. Les Scientifines travaillent alors individuellement ou en groupe, selon le thème qui est abordé. Chaque semaine, les activités sont planifiées par les intervenantes en fonction de différents thèmes sélectionnés tels que l'eau, les insectes, l'environnement et le recyclage, la physique, les mathématiques, la botanique, l'électricité, les cinq sens, les sons, la météorologie, etc. Chaque jour, une expérience nouvelle est proposée aux filles; en tout, Les Scientifines offre plus de trois cents ateliers différents pour assurer une grande diversité de sujets et d'approches. Diane Frenette, intervenante-animatrice se souvient avec amusement combien, au tout début de l'implantation du programme, les fillettes étaient effrayées par l'idée de devoir apprendre à utiliser un ordinateur. «Déjà en 1999, nous avions une salle dédiée à l'informatique et les filles avaient beaucoup de craintes face à cette machine complexe qu'était l'ordinateur. C'est bien sûr beaucoup moins fréquent de nos jours parce que presque toutes les élèves ont des ordinateurs à la maison», dit-elle.

La majorité des activités des Scientifines sont de nature scientifique ou technologique; cependant, d'autres types d'activités comme le bricolage, les sports, des sorties et des fêtes (Halloween, Pâques, fête de fin d'année) sont aussi proposées à l'occasion.

Un programme ouvert à toutes

Sans contraindre les fillettes à embrasser des carrières qui ne les intéressent pas, Les Scientifines leur donnent la chance de constater que, si elles veulent investir un peu d'elles-mêmes, elles pourront exceller dans des domaines pour lesquels elles croyaient ne pas avoir d'aptitudes. En plus de lutter contre le décrochage scolaire, l'approche développée par Les Scientifines leur permettra de pouvoir choisir un métier ou une carrière qui leur offre de bonnes conditions de travail et des perspectives d'avenir intéressantes. «Lorsqu'on m'a proposé cet emploi, j'ai trouvé extrêmement stimulante l'idée de tenter d'intéresser les jeunes filles aux sciences. C'était un beau défi et je sentais qu'il y avait beaucoup à faire pour réussir à développer leurs compétences. De plus, j'ai moi-même grandi dans un quartier défavorisé et j'aurais bien apprécié qu'à cette époque le domaine des sciences soit davantage abordé par des activités», commente Diane Frenette.

Actuellement, de 55 à 60 filles assistent tous les jours aux ateliers des Scientifines et une centaine s'y inscrivent chaque année. «Nous rejoignons ainsi plus de 75% de la population des filles de notre quartier», précise Mme Brouillard. Depuis son implantation en 1988, plus de 600 jeunes filles ont participé aux activités. On estime qu'au cours de l'année 1999-2000, près de 85 jeunes filles se sont inscrites au programme. «L'inscription est libre et nous ne fermons pas la porte aux étudiantes des autres écoles. Toutes peuvent participer aux ateliers des Scientifines du moment qu'elles sont capables de se rendre à nos locaux par leurs propres moyens. Le transport après les heures de cours représente souvent un problème pour les fillettes qui habitent loin des locaux où ont lieu les ateliers. Leurs parents ne sont pas toujours disponibles ou ne disposent pas nécessairement d'une voiture pour pouvoir le faire», poursuit la directrice générale des Scientifines.

Une thèse de maîtrise qui a fait son chemin

C'est quatre étudiantes très avant-gardistes, qui par un projet de maîtrise à l'École de service social de l'Université de Montréal, ont donné naissance aux Scientifines. À l'époque, Claire Chamberland, Manon Théorêt, Roseline Garon et Diane Roy avaient choisi comme sujet de thèse de maîtrise d'essayer de comprendre pourquoi les filles ne sont pas attirées par les carrières en sciences. Ces quatre étudiantes ont alors découvert que pour réussir dans cette branche il fallait avant tout développer certaines compétences particulières. La première version du programme, qui était en fait un projet pilote, s'adressait aux adolescentes de troisième secondaire évaluées comme étant à risque d'abandonner les études prématurément. Ce projet avait pour objectif de permettre aux jeunes filles issues de milieux défavorisés d'augmenter leur pouvoir de réflexion, de décision et d'action. Il fallait pour se faire d'abord permettre à ces jeunes filles de développer des compétences comme la curiosité, la persévérance, la patience, la compréhension du lien de cause à effet et la résolution de problème. Le hic, c'est que les chercheuses se sont rapidement aperçues qu'à cet âge il était déjà trop tard pour agir sur ces compétences. Elles ont donc modifié leur projet pour plutôt se concentrer sur des fillettes âgées entre 9 et 12 ans. «Il est préférable de commencer à travailler tôt sur les compétences, soit dès l'âge de 9 ans. Après cet âge, les filles ont déjà pris certaines orientations, certaines décisions et aussi quelques mauvais plis qui feront partie de leur personnalité et de leur caractère... Par exemple, l'habitude de la curiosité, lorsqu'elle n'est pas développée jeune chez l'enfant, peut être perçue par lui comme un interdit lorsqu'il avance en âge», explique Danielle Brouillard.

Le développement des compétences

La confiance en soi se construit plus sur les réussites que sur les échecs. Une personne qui possède un répertoire d'actions et d'intérêts vaste et varié sera plus apte à composer avec le connu comme avec l'inconnu. Elle sera aussi plus susceptible d'expérimenter des réussites. C'est ce que vise le programme des Scientifines tout en tentant d'accroître la capacité des étudiantes à tolérer les délais de gratification. La méthode consiste à d'abord augmenter leur patience ou leur capacité à attendre pour obtenir ce qu'elles veulent et à ensuite intensifier leur persévérance ou leur capacité à fournir des efforts pour réussir une tâche. En fait, il s'agit de guider l'attention des filles vers les relations entre les objets afin qu'elles puissent en venir à se poser des questions comme, «Est-ce que ce sont les éclairs qui produisent le tonnerre?» de façon aussi spontanée qu'elles se demanderaient «Est-ce que ce sont mes paroles qui ont contrarié mon ami(e)?» Ce qui est intéressant, explique Diane Frenette, c'est de voir l'évolution de l'élève lorsqu'elle travaille sur une compétence. «Par exemple, nous leur proposions de travailler sur un puzzle de type Tangram, qui s'avère un exercice assez complexe à réaliser. Au début, les filles manifestaient de l'impatience, d'autres se décourageaient. Nous passions ensuite à d'autres activités afin de développer la persévérance et la patience puis vers la fin de la semaine nous reprenions l'expérience du Tangram. C'est alors que nous pouvions constater que le comportement des élèves face au Tangram avait évolué. Nous pouvions, à ce moment, déjà entrevoir un résultat à la suite des encouragements que nous leur avions prodigué», explique-t-elle.

Dans la peau d'une Scientifine

En 1989, Nafija et sa famille ont quitté le Bangladesh pour s'installer au Canada. Elle a fait son entrée à l'école De La Petite Bourgogne en 1990, à l'âge de 10 ans. «Le programme était alors nouvellement offert et ma sœur et moi avions décidé d'en profiter. Nous pensions que c'était un excellent moyen d'améliorer la qualité de notre français. De plus, comme nos parents ne parlaient pas du tout le français, l'aide aux devoirs s'avérait pour nous vraiment très

avantageuse. Lors des ateliers, on nous inculquait des façons de voir et des pensées pour nous motiver, comme: «une lâcheuse ne gagne jamais!». C'est un conditionnement qui prend racine en vous et vous encourage à persévérer et à être patiente; cela développe le goût de l'aventure et celui d'essayer des choses nouvelles. Certaines d'entre nous étaient très timides et ça leur apprenait à se dépasser, à collaborer entre elles et à donner leur opinion. Encore aujourd'hui ce processus est en moi, c'est devenu comme une seconde nature et spontanément lorsque je me retrouve face à quelque chose de nouveau et de difficile, je persévère. Et si je ne réussis pas, je me dis que l'important c'est qu'au moins j'ai essayé», raconte-t-elle.

Aujourd'hui, Nafija a 23 ans et étudie la traduction française à l'université. Elle avoue qu'à l'âge de 10 ans, elle avait une vague idée de ce qu'elle voulait faire dans la vie mais sans trop savoir comment elle pourrait y parvenir. «Je savais que je voulais aller à l'université, mais ce sont Les Scientifines qui m'ont permis de mieux définir mes objectifs. C'était une expérience bénéfique à la fois sur le plan de l'apprentissage et sur le plan humain. Cela m'a donné confiance en moi et m'a apporté la certitude que je peux réussir à faire des choses qui, de prime abord, peuvent me sembler difficiles», termine-t-elle.

Modèles et récompenses

De temps à autre des femmes qui pratiquent un métier non traditionnel, font carrière ou étudient en science ou en technologie sont invitées à venir réaliser un atelier avec Les Scientifines. Ces femmes peuvent devenir une source d'inspiration pour les jeunes participantes. Laurence Cavitte a ainsi animé une activité sur le recyclage et la protection de l'environnement, Véronique Hussin a fait la démonstration de la suite de nombre de «Fibonacci» et Sandra Shaker a animé un atelier sur la culture des bactéries.

Le Gala Scientificus, qui en est à sa troisième édition, est un moyen de récompenser l'engagement des jeunes élèves face à leur apprentissage. Il a permis à 40 filles de recevoir un diplôme d'honneur et à 19 d'entre elles de mériter les mentions de curiosité, minutie, patience, persévérance, travail d'équipe, démarche scientifique, minutie, assiduité et respect. «Chacune des filles met en nomination trois de ses compagnes selon le nombre d'atomes qu'elles ont accumulés dans l'année. Deux de celles qui auront reçu le plus de votes seront élues dans chacune des catégories. Les intervenantes-animatrices procèdent ensuite à l'élection de celle qui incarne à la fois toutes ces qualités et compétences sous la nomination de Scientifine de l'année», explique Mme Brouillard. De plus, cette année, douze filles ont aussi participé à l'Expo-sciences de l'École Fernand-Seguin qui avait lieu en avril. Accompagnées d'une animatrice, elles ont présenté deux ateliers réalisés lors de leurs activités régulières et intitulés «Magique ou mathématique» et «L'indicateur de pH». Plus d'une centaine de visiteurs ont vu cette exposition.

«Nous avons la possibilité d'apprendre beaucoup plus dans un programme comme les Scientifines. En fait, on y apprend à être des grandes sœurs et à faire face à nos difficultés. C'est un peu comme une grande famille où l'on apprend à être un futur membre actif de notre société. C'est comme un petit village à l'intérieur duquel la société se bâtit; il y a des personnes de différentes nationalités, de cultures différentes et de façons de penser différentes. On y apprend à s'apprivoiser» dit Nafija Rahman.

La clé des sciences: prochaine étape

La clé des sciences est un projet de collaboration entre les Scientifines et les autres écoles. Il permet aux enseignants qui le désirent de pouvoir recevoir la visite de Scientifines dans leurs classes et de bénéficier de leur expertise. «Les enseignants sont un peu démunis devant la réforme du ministère de l'Éducation qui les oblige à intégrer 120 minutes de science et de technologie à leur enseignement dès la 3e année. Le problème c'est que bon nombre d'enseignants au primaire n'ont pas fait de sciences depuis leur secondaire! Ils ne sont donc pas vraiment à l'aise avec cette matière», explique Mme Brouillard. Sur ces 120 minutes, la première heure sera souvent utilisée pour l'informatique et la seconde pour les sciences. Les enseignants nous informent d'abord de leurs besoins en thèmes ou en fréquences (veulent-ils des rencontres mensuelles, hebdomadaires, bihebdomadaires). Une fois leurs besoins définis, nous organisons un plan d'intervention à leur mesure et nous leur donnons une formation.

Petit jeu-questionnaire sur le lait

Quelle est la température du lait à la sortie de la vache?

❑ 22°C ❑ 38°C ❑ 45°C

Comment se nomme le sucre présent dans le lait?

❑ Lactose ❑ Cirrhose ❑ Bêta

Combien faut-il de litres de lait pour faire un kilogramme de beurre?

❑ 1 L ❑ 16 L ❑ 23 L

En moyenne, 1 kg de lait contient combien de grammes d'eau?

❑ 1 kg ❑ 870 g ❑ 230 g

* *Réponses: 38 °C, Lactose, 23 L, 870 g*

Lors de la visite de l'intervenante, la classe est divisée en deux. Les Scientifines s'occupent des filles et l'enseignant des garçons. Les intervenantes-animatrices montrent aux enseignants comment développer les compétences chez leurs élèves en utilisant les sciences. «L'objectif étant d'étendre nos services et de rejoindre encore plus de jeunes chaque semaine et de faire de chaque enseignant un agent multiplicateur de notre démarche, le tout en offrant un soutien continu à l'école. C'est un projet de partenariat afin d'ouvrir ensemble la porte des sciences», affirme Mme Brouillard.

Travailleuse d'équipe, Danielle Brouillard est entourée de personnes dynamiques et chevronnées qui forment avec elle un groupe exceptionnel. Elle souligne que tout ce dont l'organisation Les Scientifines dispose pour offrir ce service est la participation toujours grandissante de collaborateurs, et ce, à différents niveaux (dons, matériel, soutien, occasions, etc.). «Je sais que nous faisons une différence (que j'espère importante) dans la vie de ces jeunes filles», estime-t-elle avec enthousiasme.

Depuis 1993, ce programme est incorporé comme organisme sans but lucratif et est reconnu à titre d'organisme de bienfaisance par Revenu Canada.

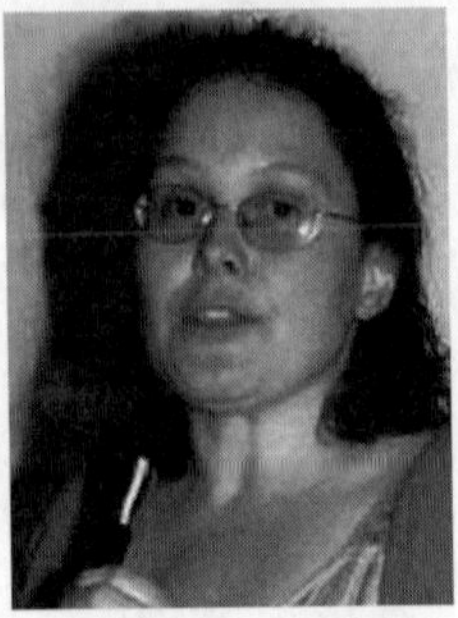

Danielle Brouillard est directrice générale des Scientifines depuis mai 2002. Elle a une formation en marketing social et complète présentement un D.E.S.S. en gestion d'organisation sociale, ce qui ajoute à sa formation en communication et animation des groupes. Elle considère Les Scientifines comme un projet emballant, très profond qui l'émerveille chaque jour.

Postface

Ils sont impressionnants, ces 14 succès de culture scientifique! Et ce qui est encore mieux, c'est qu'il y a suffisamment d'initiatives fructueuses pour faire un deuxième volume, que nous mettons en chantier dès aujourd'hui.

Depuis vingt-cinq ans, la culture scientifique au Québec a pris une ampleur que l'on n'imagine pas si on se contente de fréquenter les grands médias d'information, où cette culture occupe une faible place.

Si tant d'organismes de culture scientifique ont pu naître, croître et multiplier les activités pour rejoindre le public, c'est grâce à l'ingéniosité et à la générosité de centaines d'artisans, salariés ou bénévoles, partout au Québec. C'est aussi grâce à l'appui des gouvernements, principalement celui du Québec, qui a créé des programmes de soutien à la culture scientifique au début des années 1980.

Hélas, depuis le milieu des années 1990, le gouvernement fédéral a abandonné son programme Science et Culture Canada et, peu après, le Québec commençait à diminuer ses budgets consacrés à la culture scientifique. Qu'en restera-t-il demain?

Il y a certes de l'inquiétude dans les milieux de la culture scientifique. Mais il n'y a cependant pas lieu de terminer ce livre sur une note triste. La science et la technologie occupent une place sans cesse croissante dans la société québécoise, dans son économie, dans sa culture. Or, comme on l'a vu dans les 14 chapitres de ce livre, de plus en plus de gens en sont convaincus et fréquentent les lieux de diffusion de la culture scientifique. Intérêt croissant du public, les jeunes en particulier, et passion toujours vive des communicateurs scientifiques, voilà qui est prometteur!

Connaissance de soi et du monde, remise en question des certitudes, recherche du vrai, la science est une aventure exaltante. Et la culture scientifique, si on me permet cet emprunt au grand sociologue Fernand Dumont, est elle aussi le «lieu de l'homme». Le citoyen du XXIe siècle doit se l'approprier, tant pour son épanouissement personnel que pour jouer pleinement son rôle dans la Cité.

Hervé Fisher, Jean-Marc Gagnon, Jacques Kirouac,
Raymond Lemieux, Félix Maltais et Gilles Provost

AGMV Marquis
MEMBRE DE SCABRINI MEDIA
Québec, Canada
2004